院士解锁中国科技

电力卷

刘吉臻 主笔

神奇璀璨的电世界

主编单位：中国编辑学会 中国科普作家协会

中国少年儿童新闻出版总社
中国少年儿童出版社
北 京

图书在版编目（CIP）数据

神奇璀璨的电世界 / 刘吉臻主笔. -- 北京 ： 中国
少年儿童出版社，2023.6
　（院士解锁中国科技）
　ISBN 978-7-5148-8021-2

　Ⅰ．①神… Ⅱ．①刘… Ⅲ．①电力工程－中国－少儿
读物 Ⅳ．①TM-49

中国国家版本馆CIP数据核字(2023)第072424号

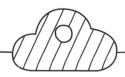

SHENQI CUICAN DE DIAN SHIJIE
（院士解锁中国科技）

出 版 发 行：中国少年儿童新闻出版总社
　　　　　　中国少年儿童出版社
出 版 人：孙 柱
执行出版人：马兴民

责任编辑：李 华 叶 丹		封面设计：许文会	
美术编辑：徐经纬		版式设计：施元春	
责任校对：杨 雪		形象设计：冯衍妍	
插　　图：晓 劼		责任印务：厉 静	

社　　　址：北京市朝阳区建国门外大街丙12号　　邮政编码：100022
编 辑 部：010-57526336　　　　　　总 编 室：010-57526070
客 服 部：010-57526258　　　　　　官方网址：www.ccppg.cn

印刷：北京利丰雅高长城印刷有限公司

开本：720mm×1000mm 1/16　　　　　　　印张：9.5
版次：2023年6月第1版　　　印次：2023年6月北京第1次印刷
字数：200千字　　　　　　　　　　　　　印数：1—5000册

ISBN 978-7-5148-8021-2　　　　　　　　　　定价：67.00元

图书出版质量投诉电话：010-57526069，电子邮箱：cbzlts@ccppg.com.cn

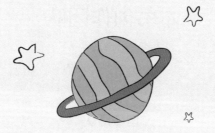

"院士解锁中国科技"丛书编委会

本书创作团队

主 笔
刘吉臻

创作团队
（按姓氏笔画排列）

王 鹏　王庆华　刘 欢　刘洪涛

杜 鸣　李 赟　李晓华　张 衡

赵云灏　高 丹　程 超

"院士解锁中国科技"丛书编辑团队

项目组组长
缪 惟　郑立新

专项组组长
胡纯琦　顾海宏

文稿审读
何强伟　陈 博　李 橦　李晓平　王仁芳　王志宏

美术监理
许文会　高 煜　徐经纬　施元春

丛书编辑
（按姓氏笔画排列）

于歆洋	万 顿	马 欣	王 燕	王仁芳	王志宏	王富宾	尹 丽	叶 丹	包萧红
冯衍妍	朱 曦	朱国兴	朱莉荟	任 伟	邹彩文	刘 浩	许文会	孙 彦	孙美玲
李 伟	李 华	李 萌	李 源	李 橦	李心泊	李晓平	李海艳	李慧远	杨 靓
余 晋	张 颖	张颖芳	陈亚南	金银銮	柯 超	施元春	祝 薇	秦 静	顾海宏
徐经纬	徐懿如	殷 亮	高 煜	曹 靓	韩春艳				

前　言

　　"院士解锁中国科技"丛书是一套由院士牵头创作的少儿科普图书，每卷均由一位或几位中国科学院、中国工程院的院士主笔，每位都是各自领域的佼佼者、领军人物。这么多院士济济一堂，亲力亲为，为少年儿童科普作品担纲写作，确为中国科普界、出版界罕见的盛举！

　　参与这套丛书领衔主笔的诸位院士表达了让人不能不感动的一个心愿：要通过这套科普图书，把科技强国的种子，播撒到广大少年儿童的心田，希望他们成长为伟大祖国相关科学领域的、继往开来的、一代又一代的科学家与工程技术专家。

　　主持编写这套丛书的中国少年儿童新闻出版总社是很有眼光、很有魄力的。在这些年我国少儿科普主题图书出版已经很有成绩、很有积累的基础上，他们策划设计了这套集约化、规模化地介绍推广我国顶级高端、原创性、引领性科技成果的大型科普丛书，践行了习近平总书记关于"科技创新、科学普及是实现创新发展的两翼，要把科学普及放在与科技创新同等重要的位置"的重要思想，贯彻了党的二十大关于"教育强国、科技强国、人才强国"的战略要求，将全民阅读与科学普及相结合，用心良苦，投入显著，其作用和价值都让人充满信心。

　　这套丛书不仅内容高端、前瞻，而且在图文编排上注意了从问题入手和兴趣导向，以生动的语言讲述了相关领域的科普知识，充分照顾到了少年儿童的阅读心理特征，向少年儿童呈现我国科技事业的辉煌和亮点，弘扬科学家精神，阐释科技对于国家未来发展的贡献和意义，有力地服务于少年儿童的科学启蒙，激励他们树立逐梦科技、从我做起的雄心壮志。

院士团队与编辑团队高质量合作也是这套高新科技内容少儿科普图书的亮点之一。中国少年儿童新闻出版总社集全社之力，组织了6个出版中心的50多位文、美编辑参与了这套丛书的编辑工作。编辑团队对文稿设计的匠心独运，对内容编排的逻辑追溯，对文稿加工的科学规范，对图文融合的艺术灵感，每每都能让人拍案叫绝，产生一种"意料之外、情理之中"的获得感。

丛书在编写创作的过程中，专门向一些中小学校的同学收集了调查问卷，得到了很多热心人士的大力帮助，在此，也向他们表示衷心的感谢！

相信并祝福这套大型系列科普图书，成为我国少儿主题出版图书进入新时代的一个重要的标本，成为院士亲力亲为培养小小科学家、小小工程师的一套呕心沥血的示范作品，成为服务我国广大少年儿童放飞科学梦想、创造民族辉煌的一部传世精品。

郝振省

中国编辑学会会长

前　言

科技关乎国运,科普关乎未来。

一个国家只有拥有强大的自主创新能力,才能在激烈的国际竞争中把握先机、赢得主动。当今中国比过去任何时候都需要强大的科技创新力量,这离不开科学家创新精神的支撑。加强科普作品创作,持续提升科普作品原创能力,聚焦"四个面向"创作优秀科普作品,是每个科技工作者的责任。

科普读物涵盖科学知识、科学方法、科学精神三个方面。"院士解锁中国科技"丛书是一套由众多院士团队专为少年儿童打造的科普读物,站位更高,以为中国科学事业培养未来的"接班人"为出发点,不仅让孩子们了解中国科技发展的重要成果,对科学产生直观的印象,感知"科技兴则民族兴,科技强则国家强",而且帮助孩子们从中汲取营养,激发创造力与想象力,唤起科学梦想,掌握科学原理,建构科学逻辑,从小立志,赋能成长。

这套丛书的创作宗旨紧跟国家科技创新的步伐,遵循"知识性、故事性、趣味性、前沿性",依托权威专业、阵容强大的院士团队,尊重科学精神,内容细化精确,聚焦中国科学家精神和中国重大科技成就。在创作中,院士团队遵循儿童本位原则,既确保了科学知识内容准确,又充分考虑了少年儿童的理解能力、认知水平和审美需求,深度挖掘科普资源,做到通俗易懂。丛书通过一个个生动的故事,充分体现出中国科学家追求真理、解放思想、勤于思辨的求实精神,是中国科学家将爱国精神与科学精神融为一体的生动写照。

为确保丛书适合少年儿童阅读，院士团队与编辑团队通力合作。在创作过程中，每篇文章都以问题形式导入，用孩子们能够理解的语言进行表达，让晦涩的知识点深入浅出，生动凸显系列重大科技成果背后的中国科学家故事与科学家精神。同时，这套丛书图文并茂，美术作品与文本相辅相成，充分发挥美术作品对科普知识的诠释作用，突出体现美术设计的科学性、童趣性、艺术性。

面对百年未有之大变局，我们要交出一份无愧于新时代的答卷。科学家可以通过科普图书与少年儿童进行交流，实现大手拉小手，培养少年儿童学科学、爱科学的兴趣，弘扬自立自强、不断探索的科学精神，传承攻坚克难的责任担当。少儿科普图书的创作应该潜心打造少年儿童爱看易懂的科普内容，着力少年儿童的科学启蒙，推动其科学素养全面提升，成就国家未来创新科技发展的高峰。

衷心期待这套丛书能够获得广大少年儿童朋友的喜爱。

中国科学院院士
中国科普作家协会理事长

写在前面的话

　　欢迎来到神奇璀璨的电世界！电无处不在，我们生活和学习都离不开电，它给我们带来了便捷和舒适。

　　人类对于电的认识，来源于神奇的科学发现。

　　英语中跟电有关的词根是"electr-"，它来自希腊语单词"elektron"，本意是"琥珀"，因为古希腊人发现了一个神奇的现象：琥珀经过摩擦后，能够吸附轻小物体。我国东汉时期的王充在《论衡》中也记载了这一神奇现象。直到 1600 年，英国物理学家吉尔伯特为这种现象编创了一个新的拉丁语单词"electricus"，并写入他的专著中。

　　之后，一代一代科学家对电这一神奇的物理现象产生了浓厚兴趣，通过科学研究不断产生重大发现：电荷有正、负之分；雷电就是一种放电现象；电子在导体中的定向移动能够形成电流；电流通过导线，将使导线附近磁针发生偏转；闭合电路中一部分导体在磁场中做切割磁感线运动，将在电路中产生电流……

　　同时，科学家们利用这些科学发现，发明了验电器、白炽灯、发电机、电动机、电话……电逐渐应用于人们生产和生活中，人类迈入了璀璨、绚丽多彩的电气化时代。

　　电气化时代是从 19 世纪 70 年代开始，以电力的广泛应用为标志的第二次技术革命，电力作为一种主要的能量形式支配着社会经济生活。

电气化时代的到来也推动了电力技术的发展，以发电、输电、变电、配电、用电五个环节为主要内容的电力工业产生并迅速发展。

发电是将其他形式的能转变为电能，比如常见的火力发电、水力发电。

输电、变电、配电，是将产生的电能经过改变电压后，传输到不同的地方，分配给千家万户使用。

最后，便是用电环节，我们每一个人都离不开电，手机、电灯、电视、冰箱、洗衣机，等等，都要用电。

电能是一种清洁、高效、便捷的能源，替代了大量化石能源的直接燃烧消耗，广泛应用于社会各个领域，融入人类发展的方方面面。

伴随着经济社会高质量发展，电力需求也将不断增加，未来将进入更先进的电气化时代。

在那里，工业领域大规模部署应用电熔炉、电驱动、电冶金等技术。

交通领域加快发展电气化铁路、电动汽车、城市轨道交通，港口岸电和机场廊桥用电实现全覆盖。

建筑领域终端用电设备不断增加、充电桩更加普及、电采暖更加高效。

随着电气化与物联网、大数据、人工智能等各种新技术的融合发展，新产业、新业态、新模式将如雨后春笋般呈现。人们的生活更加便捷、舒适、多姿。

神奇的电照亮了人类的生活，也将不断丰富未来璀璨的生活场景。让我们一起来领略神奇璀璨的电世界吧！

刘吉臻

中国工程院院士
华北电力大学教授

目录

逗逗变变变!

快跟着逗电，一起去电力王国看看吧！

无处不在的电

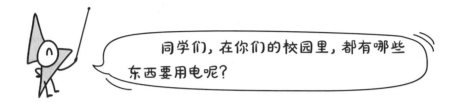

同学们，在你们的校园里，都有哪些东西要用电呢？

让我们数一数：入校时经过的电动伸缩门、体温检测仪，校园里播放通知和音乐的播放机，走廊里的饮水机，教室里的电灯、电扇、空调、电脑、投影仪，等等。

电是一股强大的力量，它能让东西亮起来，热起来，动起来，响起来。灯泡发光、空调加热或制冷、风扇吹风、电脑播放动画片，都在用电。在我们日常生活中，电无处不在。

什么是电？

要想了解什么是电，我们必须先认识原子。

把世界上的所有物体，分解分解再分解的话，就会得到原子。你呼吸的空气，你读的书，你脚下的地板，连你的身体，都是由原子组成的！原子非常非常小，别说我们用肉眼看不到，即使是一般的光学显微镜也看不到，只有用特殊的显微镜（扫描隧道显微镜）去观察，才让我们能够瞥到一定程度上的模糊球体。一百万个原子排起来，也只有一根头发丝那么细！

要想真正了解电，必须要了解原子的内部结构。下图是巨大的原子模型。中间圆圆的、大而重的物质就是原子核（由质子和中子组成），在原子核周围运转的就是电子。

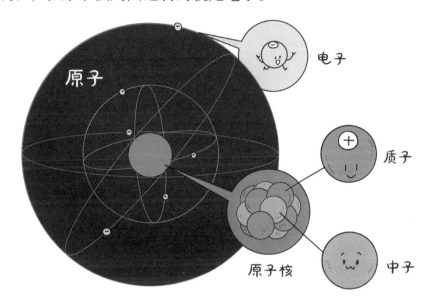

看！电子围绕着原子的中心，也就是原子核旋转。电子的质量远远轻于原子核中的质子，能够相对轻松地移动。

电的秘密就在于原子核中的质子带有正电荷，核外电子带有负电荷。通常情况下，电子都待在自己的原子里，原子里的质子数和电子数相等，正电荷的数量和负电荷的数量相等，这就维持了正负两种性质电荷的平衡。因此，原子不带电（不显电性）。

但是，一旦受到某些影响（比如外部接受光或热，或者摩擦加剧），在最外面轨道上运转的电子就容易被原子核撞出去（这样的电子就叫作自由电子），从一个原子跳到另一个原子里。当原子中正负电荷的数量平衡被打破了，原子就会带电。

电子不停地从一个原子流向另一个原子，这种电子按一定方向流动，就是电流。"安培"是测量电流的单位，是以科学家安培的名字命名的，常常被简写为"安"或"A"。安培数越大，电流越大，单位时间内通过的电子数量就越多。

电流为什么会前进呢？因为有电压，"伏特"就是测量电压的单位，通常简称为"伏"或"V"。伏特数越大，电压越大，推动电流的力量也就越大。

电从哪里来？

现代生活离不开电，我们需要大量的电。制造大量电的过程就叫发电。我们日常生活中使用的电，大多来自发电厂。让我们到发电厂里一探究竟吧！

发电厂里有几个重要的设备，其中最重要的是涡轮机（也叫汽轮机）。涡轮就是指"旋转的轮子"。涡轮机是一台像

那么谁可以来推动涡轮机呢？

电流

轴　　发电机

涡轮机

电风扇一样的机器，中间有一根粗粗的轴。当涡轮扇叶转动的时候，涡轮上的轴也会跟着转动起来。

发电机也是发电厂的重要设备。发电机的外部是金属线圈，内部是磁铁（几乎所有的发电厂都使用磁铁。没有磁，就无法制造大量的电）。连接在涡轮上的轴带动磁铁转动，转动中的磁铁就会让发电机外部的金属线圈中产生电流，电就这样诞生了！

能使涡轮转动的东西有很多。烧水的时候冒出来的蒸汽可以使涡轮转动，空气流动的时候产生的风可以使涡轮转动，利用水库将水聚集在一起，通过大量水落下来的力量也可以使涡轮转动。

锅炉蒸汽　　风力　　水力

目前最常用的方法，是利用蒸汽使涡轮转动来发电。利用蒸汽发电的发电厂里通常有个大炉子，叫锅炉。燃煤、燃气或垃圾在锅炉里燃烧，把锅炉里的水烧开，水就会变成高温高压的蒸汽。蒸汽再推动汽轮机，把热能转化为机械能，再驱动发电机转动发出电能。

煤炭、石油和天然气是发电厂锅炉烧水最常用的燃料，这样的发电厂就叫火力发电厂。火力发电厂能提供大量的电能，但是它们排出的废气、烟尘，会对环境造成一定的影响。有些发电厂不需要燃料也能发电。比如，太阳能发电厂利用太阳的光能或热能发电；地热发电厂利用地下的热能发电；水力发电厂利用水的落差发电；风力发电厂利用空气流动的动能发电。也有些发电厂利用核反应产生的热能来发电。核电厂能产生大量电能，而且也不会造成空气污染，但是会留下核废料。

小贴士

能量守恒定律，自然界基本定律之一。简单地说，能量既不会凭空产生，也不会凭空消失，它只会从一种形式转化为另一种形式，或从一个物体转移到另一个物体，在转化或转移过程中，能量的总量保持不变。电的产生必须消耗其他能量。

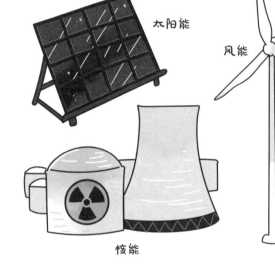

太阳能

风能

核能

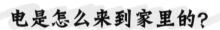

电是怎么来到家里的？

现在，电已经由发电厂生产出来了，那它又是怎么来到家里的呢？

从发电厂出来的电，本领还比较小，要想让它们长途跋涉到家里来，得先给它们加加油——那就是升高电压（可能到数十万伏），这样才能降低传输中的损耗，顺利到达目的地。电从挂在高压电塔（高压电塔比一般的建筑物都要高，通常有几十米，甚至上百米）上的高压线（比一般电线粗很多）中流过，在到达家里之前，还得把电压从高变回到低（传输低电压的电线明显变细），进入地下电缆，最终来到各家各户（因为家里用的电压不能太高，我国的民用电压是 220 伏。有些国家和地区是 100 伏或 110 伏）。

把电压由低变高再变低，就是"变压"的过程，这个过程需要变电站来实现。安装在变电站里的变压器既能把电压升高，也能把电压降低。

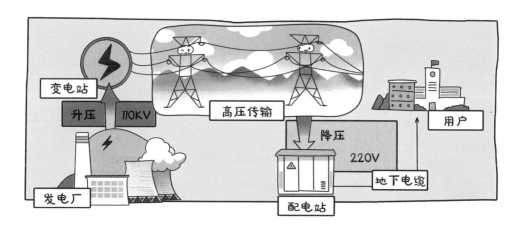

电要来到我们身边，一般都要经过发电、输电、变电、配电等一连串过程。

经过这一串从无到有、从小到大、升升降降的过程，我们的城市、乡村，我们的学校、工厂，我们的每一个家庭、每一个人才能够安全舒适地用上电，享受现代化的生活，太不容易了。同学们，我们今后用电一定要珍惜啊！

导体和绝缘体

　　有些材料能让电流很顺畅地通过，比如，金属、酸溶液和日常饮用水，因为这些材料的原子核对外层电子的束缚能力很弱，电子很容易脱离，从一个原子跑到另一个原子。这类容易让电流通过的物体就是导体。有些材料却仿佛对电流的通过搭建了路障，比如，塑料、橡胶、木头、玻璃、空气，这是因为它们的原子核和电子之间像用一根铁链紧紧锁住，电子很难逃脱。这类不容易让电流通过的物体就是绝缘体。

　　那么人是导体还是绝缘体呢？人是导体，因为人体中含有大量的水分子和金属离子（如铁、钙等），所以才会发生触电事故。我们日常生活中见到的电线，就是电流的高速公路，电流在电线内部的金属线里奔跑，金属线外面的橡胶皮，把电流包裹在里面，进行绝缘保护，这样我们就不会被电到。同学们，如果遇见了断落的电线，它可能会要你的命，一定不要碰，赶快离开！

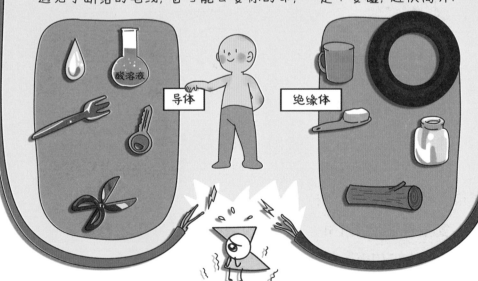

酸溶液

导体

绝缘体

现代生活中离不开电，而且需要大量的电，可我们用的电并不是大自然中天然存在的，而需要发电厂生产出来。同学们，下面就让我们到燃煤发电厂去看看吧。

一般在郊区或远离城市中心的地方，如果同学们看到有细细长长高耸的烟囱，旁边站着胖胖的高塔，烟囱口和塔顶都冒着白色的"烟"，那很有可能就是火力发电厂啦，那里就是用煤炭生产电的地方。火力发电厂也叫火电厂，它就像伫立在城市边缘的巨人，吞吃煤炭吐出电能，输送到千家万户，守护着整座城市的光明。

火力发电厂

小贴士

火力发电，是指将煤、石油、天然气等燃料燃烧所产生的热能转换为动能，再生产出电能。我国火力发电以燃煤发电为主，燃煤发电占火力发电的85%以上。

这位巨人喜欢吃煤炭，是个大胃王，它的"牙齿"是磨煤机，煤块通过传送带，运送到磨煤机里，被研磨成极细的煤粉。这里的煤粉，跟我们吃的面粉一般细呢！煤粉磨得越细，煤粉颗粒燃烧时与空气的接触面就越大，就会燃烧得越快也越充分。煤炭可是地球上很宝贵的不可再生资源哦，所以一定要让它发挥出最大的作用！

"嚼碎"的煤粉由热空气携带进入巨人的"胃"——锅炉里，发生剧烈的燃烧反应，并将水加热成高温高压的水蒸气。

水蒸气携带着巨大的热能量，沿着巨人的"血管"——蒸汽管道，进入巨人的"拳头"——汽轮机。在汽轮机内水蒸气推动汽轮机转子（主要包括轴和叶片）转动。

最后，汽轮机转子再带动发电机转子高速旋转，利用电磁感应现象产生电能。生成的电能经变压器将电压升高后，由输电线送至四面八方。

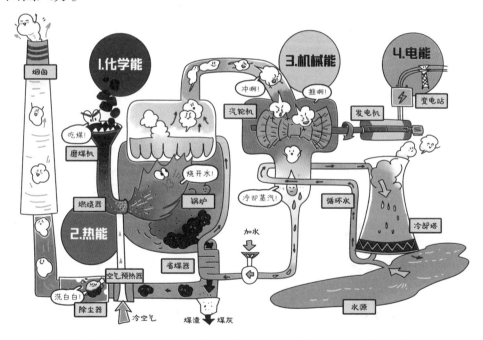

煤粉燃烧后生成灰渣和热烟气，灰渣落入渣斗内，热烟气沿锅炉的水平烟道和尾部烟道流出锅炉。但是这么热的烟气可不能白白浪费，还要让它再一次发挥作用，那就是通过空气预热器给新进来的空气加热，把热烟气里的热量转移给空气。这样做的好处可多了，一个是把加热后的空气灌入锅炉，会让里面的煤粉更容易着火和燃烧；另外，被加热的空气还可以分一部分去帮助磨煤机干燥和输送磨碎的煤粉；同时，冷下来的烟气也变得不那么可怕，温和多了。

热烟气放出热量后，还要清除里面的有害气体，最后要进入除尘器，在这里它就像被洗了个澡，将煤灰分离出来。这样经过处理的烟气已经干干净净、凉凉快快，再通过烟囱排入大气，对环境的影响就很小了。

这个胖胖的高塔叫冷却塔，它是用来冷却循环水的。以一台每小时能发100万度电的燃煤发电机组举例，每小时从锅炉进入汽轮机的蒸汽量约3000吨，3000吨蒸汽推动汽轮机后排出，为了能重新进入锅炉再次使用，每小时又需要约10万吨循环水给它进行冷却。这些吸收了蒸汽热量的循环水，在冷却塔中冷却后被重复利用，冷却期间，会有约400吨水被蒸发排入空气。从这里可以看出，水资源消耗大也是火力发电的一个特点。由于水资源越来越宝贵，现在很多火电厂已经取消了冷却塔。有些是利用旁边的江河湖海，直接用江水河水等来冷却；有些是利用一堆风扇对着蒸汽通过的管道吹，直接把里面的热量带走。

同学们看到这里，一定已经了解了燃煤发电的秘密，知道了黑乎乎的煤也能生产出为我们带来光明的电。

在我们国家刚成立时，发电技术还很落后，能发的电量很少，使用的技术和设备都是国外的。每年生产出的电平均到每个人仅有9度，也就够现在普通家用小型空调工作9小时。

这么少的电怎么够用呢！我国的电力科学家和电力工人可不甘落后，他们奋起直追，科学研究、工艺设计、修建电厂齐头并进。发电量上来了，但是问题也紧跟着出现，烧的煤越来越多，许多劣质煤却烧不干净，浪费也越来越大，燃煤排烟造成的空气污染更是影响了我们居住的环境。

20世纪90年代初，芬兰有家公司卖给我们几台先进的锅炉，可以比较好地解决浪费和污染问题。可当我们表示想要引进他们的技术时，他们却一口回绝："只卖苹果不卖树。"这句话顿时激起了中国许多科研工作者的斗志，其中一位就是当时清华大学热能系锅炉教研组的岳光溪老师，他暗下决心："我就不信我们不能种出自己的'苹果树'！"

　　自此，他便一头钻进这项研究中，从基本理念开始，发现一个问题解决一个问题，大胆假设，小心求证，难关一个一个被攻克。

　　转眼 20 年过去了，岳光溪老师坚持不懈的付出终于结出了硕果，不仅为中国建立了完全独立的先进的锅炉理论体系，而且解决了国外技术的缺陷和不适应中国的根本问题。最终，他带领团队研发出世界最大容量超临界 600 兆瓦循环流化床，被国际能源组织认为是国际循环流化床技术发展的里程碑事件。

　　"那句话我记了一辈子，也让我跟外国人'赌'了 20 年。"如今回忆起那段被国外技术"卡脖子"的经历，岳光溪院士仍旧目光灼灼、意志坚定。

20 年了！终于研制成功了！

小贴士

　　先进的循环流化床锅炉——高效率低污染：炉膛内高温、高压，固体颗粒（煤粉）悬浮在运动的流体（热空气）中燃烧，燃烧过程中有未燃尽的颗粒飞出炉膛，又被收集起来重新送回炉膛循环燃烧。

同学们，你们知道燃煤锅炉里高温高压的水蒸气有多少度吗？

当然是 100℃，因为家里烧开水，都是在 100℃ 开始沸腾的，生成的水蒸气当然也是 100℃。

自信

恭喜你，答错了！火力发电厂锅炉中生产的水蒸气温度可远远不止 100℃，它们一般都可以超过 500℃！

这是为什么呢？这都是大气压强的功劳。我们生活的环境是正常的 1 标准大气压，水的沸点是 100℃。但是，随着压强升高，水的沸点也会升高。

水蒸气临界压强约为 22.1MPa（临界温度约为 374℃）。比它低叫亚临界，比它高叫超临界。压强大于 27MPa、温度高于 550℃ 时，叫超超临界。

更高的温度和更高的压强可以让火力发电达到更高的效率，也就是说同样的煤炭量可以发更多的电。中国自主研发的超超临界高效发电技术已达到全球领先水平，大部分机组运行温度为 600℃ 以上。

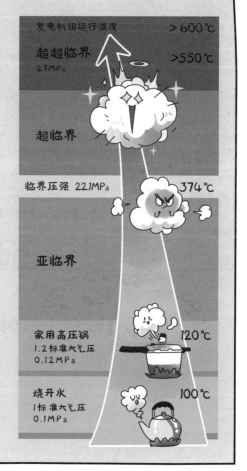

发电机组运行温度 　　　　　>600℃

超超临界 27MPa 　　　　　>550℃

超临界

临界压强 22.1MPa 　　　　　374℃

亚临界

家用高压锅 1.2 标准大气压 0.12MPa 　　　　　120℃

烧开水 1 标准大气压 0.1MPa 　　　　　100℃

最后，还要告诉同学们一个好消息，我国煤电装机规模和发电量已经在世界上连续多年排在第一位！ 2022 年，我国平均每人一年可用电量达到6118度！从新中国成立之初的9度发展到今天，每一度电都饱含着电力工作者的辛勤付出，请为我国电力行业的工作者喝彩吧！

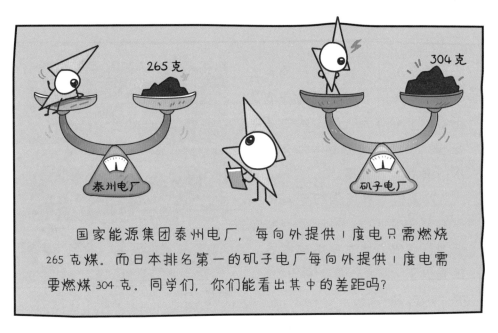

国家能源集团泰州电厂，每向外提供 1 度电只需燃烧 265 克煤。而日本排名第一的矶子电厂每向外提供 1 度电需要燃煤 304 克。同学们，你们能看出其中的差距吗？

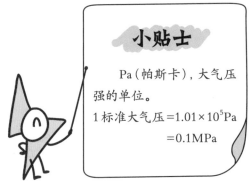

小贴士

Pa（帕斯卡），大气压强的单位。
1标准大气压 $=1.01\times10^{5}$Pa
$=0.1$MPa

燃煤发电厂（也叫煤电厂）大多建在城市附近，它发的电一般都是供我们日常使用的。有时，我们路过煤电厂，会看到高高的烟囱上面冒着浓浓的白烟。

具有环保意识的同学，一定会在心里发出疑问：这些烟囱冒出的白烟，会不会对空气造成污染？

在这里，可以明确地告诉大家，现在煤电厂排出的白烟，绝大部分是水蒸气凝结形成的，不会对空气造成污染。

真是这样吗？

下面就请同学们一起来看看，煤炭燃烧发电会产生哪些污染物，以及现在的煤电厂里，都有哪些控制污染排放的先进技术吧！

煤炭

煤炭是植物遗体埋藏在地下，经过长期的生物化学和物理化学作用以及地质作用转变而来的，其主要成分包括碳（C）、氢（H）、氧（O）、硫（S）、氮（N）等。

在煤电厂里，煤炭燃烧会生成灰尘、灰渣和烟气等。灰尘又分飞灰和沉灰两种形态。其中沉灰和灰渣一起落入锅炉底部，作为固体废料被处理；飞灰则会混合到烟气之中，从锅炉顶部进入烟道，待层层净化后由烟囱排入大气。

烟气中除了飞灰，主要有二氧化硫（SO_2）和氮氧化物（NO_X）等污染物。这些都是污染空气的主要凶手，绝对不能轻易放它们排到大气中。煤电厂的叔叔阿姨们想了很多的办法拦住它们、消灭它们。

我们先来看看烟气处理的第一道关卡：脱（除）硝，也就是消灭氮氧化物。烟气中的氮氧化物，90% 以上是一氧化氮（NO），而一氧化氮非常难溶于水，所以用洗涤的方法很难把它们一网打尽。目前，常用的方法是进行化学反应处理：选择性催化还原法，通过氧化还原反应，使其转化为氮气（N_2）。

小贴士

二氧化硫、氮氧化物，都是酸雨气体。酸雨是指 pH 值小于 5.6 的雨雪或其他形式的降水。酸雨会让土壤酸化，不再适合植物的生长。酸雨气体就是在正常的雨雪生成和下降的过程中，加入雨雪中让它们变为酸性的气体。

脱（除）硝

第二道关卡是除尘，去除颗粒物（飞灰）。布袋除尘器和静电除尘器是煤电厂常用的除尘方法。布袋除尘器中的这个布袋虽然不是布袋和尚的大布袋，但也一样非常能装东西哦。含尘气体通过除尘滤袋后，里面的灰尘都会被过滤出来。静电除尘器，顾名思义就是利用电场的方式

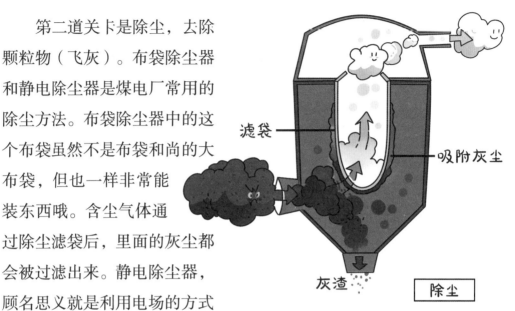

滤袋

吸附灰尘

灰渣

除尘

收集灰尘。在这里，想办法让灰尘带上负电，让抓灰尘的收集器带上正电，在正负电荷相互吸引的作用下，灰尘颗粒就会自己跑向灰尘收集器了。

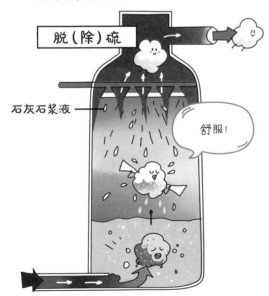

脱（除）硫

石灰石浆液

舒服！

还有第三道关卡，就是脱（除）硫。脱硫是在一个洗涤塔中进行，烟气自下而上流动，洗涤塔上端布置一层喷淋器，让烟气在这里"洗洗澡"，不过喷头喷出的不是洁净的水，而是石灰石浆液，这种浆液能够充分吸收烟气中的二氧化硫气体，生成物就是我们常说的石膏。

除了上面说的煤电厂必备的三种烟气处理装置，实际过程中还会用到更多的清洁装置和技术。例如，大家越来越关注的烟气中汞等重金属污染问题，这方面的清洁技术正在快速推进和普及。

有了这么先进的煤电清洁技术，燃煤发电再也不用背污染空气的黑锅了。产能低、污染大的设备都逐渐被淘汰，换上了新技术、低排放的先进设备。目前，我国燃煤发电已步入世界领先行列，10.3亿千瓦煤电机组完成超低排放改造，约占全国煤电总装机容量的93%，建成了世界最大的清洁煤电体系。

2011年到2021年，我国发电量从4.7万亿度增长至8.5万亿度，增长了81%，但污染物年排放总量大幅降低：烟粉尘从147万吨降至12.3万吨，降低了92%；二氧化硫从893万吨降至54.7万吨，降低了94%；氮氧化物从1024万吨降至86.2万吨，降低了92%。如果比较每发一度电的平均污染物排放，这三种污染物的降幅均超过了95%。

那么，现在的燃煤发电到底是不是空气污染的元凶呢？

当然不是！燃煤发电产生的烟粉尘，只占全国总烟粉尘排放的3%，氮氧化物只占不到9%，二氧化硫占比约20%。

那你会不会又问，煤电的超低排放标准到底是什么呢？它到底有多低呢？

根据国家标准，烟气排放中烟粉尘不超过 5 mg/m³、二氧化硫不超过 35 mg/m³、氮氧化物不超过 50 mg/m³。

这是什么水平呢，就是燃煤发电烟气排放水平需要达到天然气发电的排放水平！这一要求，比美国、日本、欧盟的燃煤机组污染物排放标准还要严格很多！

煤电厂大气污染物排放标准值比较（mg/m³）

污染物	中国	美国	日本	欧盟
烟粉尘	5	20	50	30
二氧化硫	35	184	200	200
氮氧化物	50	135	200	200

看到这里，同学们肯定已经对煤电厂的污染物气体排放和清洁技术有了初步认识，也放心了吧。其实，造成空气污染有很多原因，绝不仅仅是因为我们看到的发电厂烟囱冒烟而造成的。

我们现在能有这么清洁、高效的燃煤发电技术，那可离不开科学家们的贡献。1958 年，岑可法以研究生的身份被国家派到苏联留学，在当时大多数人选择火箭、导弹制造等尖端学科时，他却选择了"又土又脏"的专业——煤的燃烧。

很多人都不理解，岑可法却说："咱中国是产煤大国，煤关系着国计民生，在我这里，它才是最重要的。"

1962 年，岑可法获得博士学位后回国，在浙江大学当老师，他一边教书育人一边搞科研。在世界石油危机年代，为了替国家节省几千万元的外汇，他率领他的学生们，立志攻克"水煤浆"代油燃烧的难关。

自此，他实验室的灯几乎成了"长明灯"，每天亮得最早，熄得最晚。经过无数个日日夜夜，他们最终成功用煤、水和少量添加剂混合出了水煤浆。

添加剂

煤　水

水煤浆

如今，这一技术每年为国家节约燃油 250 万吨，我国在这一研究领域达到了国际先进水平。

1995 年，岑可法教授当选中国工程院院士。岑院士的研究不仅是煤，还有燃烧——清洁燃烧。

如今已 88 岁的岑院士，不仅拥有丰硕的科研成果，更是培育出无数的年轻后继者，在祖国的能源环保领域建功立业。

"岑先生总是跟我们说，科技工作者首先要爱国，要以国家的战略布局和社会需求为重，要时刻想到为国家排忧解难。"高翔对老师的话记忆犹新。

正是抱着这样的初心，无论是在实验室，通宵达旦地带领团队进行实验；还是在电厂现场，为设备进行长达 5000 小时不间断的中试试验，高翔院士一直力求亲自完成每一个环节。

经过长期的努力，高院士带领团队研发、实现了高效率、高可靠性、高适应性、低成本的多污染物燃烧的超低排放。污染物排放浓度远低于排放限值，在 200 多米高的烟囱上几乎看不到烟色。煤炭的利用更加清洁了。

岑院士"为国育人才，为国出成果"的科学精神和高院士"脚踏实地、不忘初心"的人生理念，同学们，是不是值得我们每一个人学习呢！

同学们，你们去过三峡吗，听说过三峡水利枢纽吗？那里有世界上规模最大的水电站——三峡水电站。它在我国湖北省内，位于长江的西陵峡段。水电站，从名字就能看出，它是利用水的力量来发电。长江，是中国水量最丰富的河流，最大的水电站建在那里是理所当然。

三峡水电站

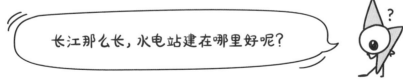

长江那么长，水电站建在哪里好呢？

这就要从水电站是怎么工作的说起了。一般的常规水电站都要修建大坝蓄水，利用积蓄的水能发电。所以，大坝建在哪里就决定了水电站在哪里。

　　坝址选择，正如建学校、医院、工厂需要选择位置一样，是在几个可能的坝址中选择出一个最合适的。

　　水电站的建坝选址是一项十分复杂的工作，一般可以总结为三步：首先，在要开发的河段上，选出几个适合建坝的坝址；其次，对这几个坝址开展比较和筛选工作；最后，通过全方位的优缺点较量，最终选定水电站工程的坝址。

我们以三峡水电站为例进行说明。三峡水电站坝址的流域面积达到了100万平方千米，占长江流域面积的56%。坝址处多年平均流量14300立方米/秒。除了水资源丰富以外，三峡坝区的地壳稳定，地震基本烈度为Ⅵ度。坝址区河谷开阔，谷底宽约1000米。两岸谷坡平缓，有很厚的岩石风化层。同时，三峡水电站的坝址基岩为坚硬的花岗岩，强度高，裂隙小，稳定性好，具备修建高坝的良好地质条件。

地震基本烈度，是指在今后一定时期内，一般条件下，本区域有可能遭受的最大地震烈度，是在震区进行建筑设计的主要依据。地震烈度从低到高分为12度，表明地震引起的地面震动强弱，Ⅵ度表明很弱。

真是风水宝地啊!

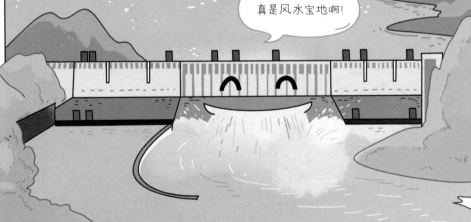

选好坝址、建好电站，接下来我们再看看，到底怎样用水发电呢？

首先需要积蓄大量的江水，三峡水电站 185 米高的巨型大坝，可以将水积蓄到大约 60 层楼的高度。平时看着悄无声息的流水，被积蓄起来后，一旦下泄，就会产生惊人的能量。

准备发电了，大坝的闸门就会打开，将上游高水位蓄积的水，泄入引水管道，让大量的水从高处落下，推动水轮机的叶片转动，水轮机与发电机相连，继而带动发电机设备转动发电，然后通过变电站，以及沿路的高压线塔，将电能源源不断地输送到城市和乡村。

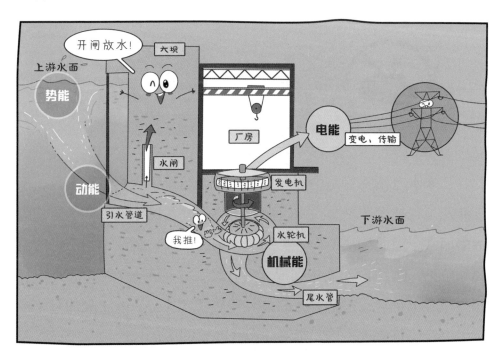

三峡水电站工程技术复杂,效益巨大,影响深远,为中国和世界建设史所罕见。它不仅拥有地面上26台70万千瓦的机组,而且还在大坝山体内建设了地下电站,投入了6台70万千瓦的水轮发电机。再加上三峡水电站自身的2台5万千瓦的电源电站,总装机容量达到了2250万千瓦,年发电量可达1000亿度。

水力发电是绿色电力能源,发电过程中不会排放二氧化碳、二氧化硫等污染物。据统计,三峡每年发电1000亿度,相当于节约3000多万吨煤炭,减排8000多万吨二氧化碳,为我国的节能减排做出了超级贡献。

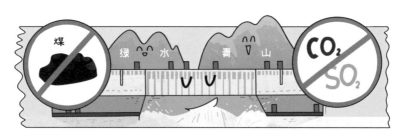

三峡水电站工程是中国有史以来建设的最大规模工程项目,不仅涉及工程技术、资金投入,而且还会引发移民搬迁、环境影响等诸多因素,因此三峡工程各类技术方案的比较、各种不同意见的论证和争论,自1949年新中国成立后开始,一直持续了半个多世纪。张光斗院士是这一论证过程的主要参加者之一,三峡工程的每一个重大决策、每前进一步,都倾注着张院士的心血。

　　1986—1989 年间，我国组织了 412 位专家对三峡工程进行深入论证。作为论证领导小组的顾问，张光斗院士凭借渊博的学识、丰富的工程实践经验，以及对三峡工程的熟悉和深入了解，他的意见受到专家们的推崇和领导小组的充分重视，为论证工作取得圆满的成果做出了重要贡献。

　　张光斗院士不仅重视理论设计，更重视理论和实践的结合。他常常告诫手下的工程师们："理论计算、设计图纸，必须在实际中得到落实和验证，如果现场施工控制得不好，再好的设计也是白费！"因此，他特别要求各级施工的组织者和工程技术人员，要把很大的精力和注意力放在现场。

　　三峡工程开工时，张光斗院士已经 80 多岁了，但他每年必来三峡工地，每至工地必到施工现场。他的同事考虑先生年事已高，总是力图阻止他到一些高空作业和比较危险的地点。但是，这些劝阻张院士根本听不进去，有时甚至还要责备劝阻他的人。张院士的一句口头禅是："工人能去，我为什么不能去？！"

经过将近 30 年的开工建设和发展，三峡水电站从无到有，从激烈的设计讨论到最终发电站的竣工落成，极大地缓解了我国电力供应紧缺的问题。

最后，还要告诉同学们一个值得骄傲的消息，三峡水电站 2020 年全年累计生产清洁电能 1118 亿度，创下了新的单座水电站年发电量世界纪录！这也让中国水电站技术和水电发电量都成为世界第一！

截至 2022 年底，包括三峡水电站在内，我国共建成了 4.1 亿千瓦水电机组，2022 年全年发电量达到了 1.2 万亿度，占世界水能发电总量超过 30%，占我国发电总量约 15%，仅次于燃煤发电，是我国第二大发电来源。

同学们，你们放过风筝、玩过小风车吗？你们知道风筝为什么能飞上天，小风车是如何动起来的吗？对了，是因为风。

风，是因气压分布不均匀而产生的空气流动现象，看不见，闻不着，但我们可以感受到它的存在，比如使风筝飞起，让风车转动，推动帆船前进，这是因为它蕴藏着能量。

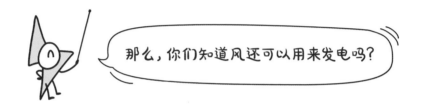

那么，你们知道风还可以用来发电吗？

其实，风能是一种取之不尽用之不竭的可再生能源，风能转化生成的电能是清洁无污染的绿色电力。接下来，我们就一起看看风是怎样发电的吧！

风电场的主要发电设备就是一个"大风车"，这个"大风车"一般由叶片、机舱和塔架等组成。整个叶片、机舱被基座上几十米高的塔架支撑在半空中。机舱中更是装配着齿轮箱、发电机、

我们一个叶片就有十几层楼那么高哦！

控制柜和偏航电机等关键设备。维护人员维护设备时通过塔架进入机舱。

叶片和发电机是整个"大风车"利用风力进行发电的核心设备。"大风车"利用叶片捕捉风力，这个过程就像风吹动我们手里的小风车转动。旋转的叶片带动与其相连的低速轴旋转，再通过齿轮箱传动加速，让高速轴转动，将能量传递给相连的发电机，利用电磁感应产生电能。这样就完成了风能—机械能—电能的能量转换过程。

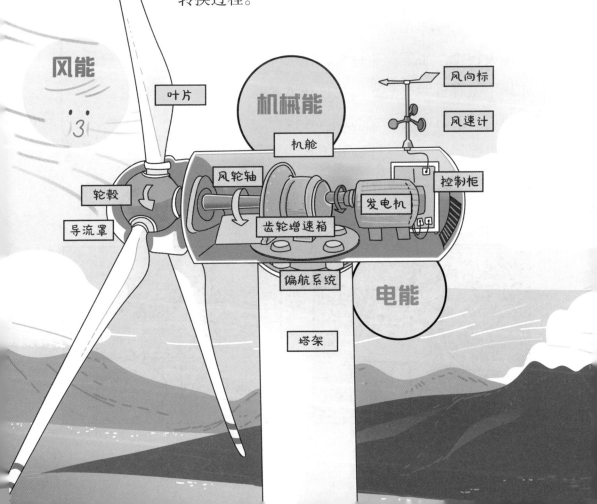

风能

机械能

风向标

叶片

风速计

机舱

风轮轴

控制柜

轮毂

发电机

导流罩

齿轮增速箱

偏航系统

电能

塔架

就像风吹动小风车一样，风越大，正对着风，小风车转得也越快，说明叶片捕捉到的风能就越多。

我们知道，离地面越高的地方，风速更大。因此为了得到更高的风速，风力发电机通常安装在几十米高的塔架上。为了能捕捉更多的风力，叶片通常也做得很大，设计成飞机机翼的形状。比如600千瓦的风机机组，叶片长度能够达到20多米，1500千瓦的机组，它的叶片更是能够长达35米，相当于15层楼那么高。

那么，是不是风速越大越好呢？

实际上，如果风速超过一定值，风力发电机就要停止工作。这是因为，叶片很大很重，如果转速过快，在惯性的作用下就有可能折断。因此，在风速超过风力发电机所能承受的最大速度时，风机就要停机，把叶片锁死不再转动，还要调整角度使轴向的推力最小。

小贴士

轴向推力，是叶片受到风力，分解后作用在塔架上的力，轴向推力越小，对塔架的冲击越小，轴向推力越大，越容易使塔架晃动甚至倾倒或折断。

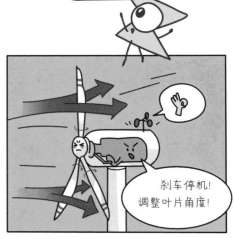

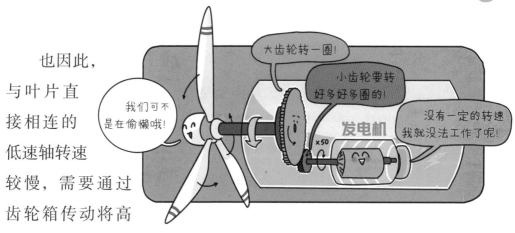

也因此，与叶片直接相连的低速轴转速较慢，需要通过齿轮箱传动将高速轴的转速提高，才能驱动发电机。经过变速，高速轴的转速可以提高 50 倍。所以，虽然风机叶片表面看上去转得慢慢的，实际上内部的轴正在飞速地旋转呢。

除了风速对发电过程有影响，风的方向也很重要。而且，风的方向是在不断变化的。为了发电时能够使叶片轮始终正对着风，当风向发生变化时，偏航电机就需要调整机舱的方向，这样才可以产生最多的电能。

许多个"大风车"发出电能后，还需要通过集电线路把它们汇聚在一起输送到升压站，将电压升高，再通过输电网送出，就可以到达千家万户供人们使用了。

看到这里，同学们知道了风能是如何变成清洁、方便的电能。但是这看似简单的风机背后，却需要空气动力学、新材料、自动控制等多种科学技术的支撑。这全靠我国风电领域的科学家和工人艰辛付出，一步一步从无到有、从弱到强，研究、建设和发展起来的。

世界上第一台现代意义的风力发电机出现在 1891 年，由丹麦科学家保罗·拉·库尔设计建造。我国是从 20 世纪 80 年代，才陆续开始建设风电场。

新疆达坂城的风，从春刮到冬。这让人打战的寒风，对风电场来说，可是宝贵的资源。中国比较早的几台风机设备就设立在达坂城荒芜的戈壁滩上。

那时，我们还没有自己的风机技术，只能依靠引进国外设备。主机价格高、维修成本高。而且一旦设备出现了故障，国内便无法处理，只能联系国外工程师。这样一来，在当时的通信条件下，维修周期至少在两周以上。"无论坏哪个部件，都得干瞪眼等着从国外买。"这可急坏了刚刚上任达坂城风电场场长的武钢。

这就是核心技术被"卡脖子"的惨痛滋味。如此被动的处境和高昂的成本无时无刻不提醒着武钢，必须搞出我国自己的风机技术！否则，风电产业在中国的大发展遥遥无期。

虽说是场长，可在这片风电试验田中，武钢是电气、液压、机械样样都得干，冒着生命危险爬风机是他每天的必修课。一年中有300天，武钢都在风电场，对风机的脾气和哪里容易出故障了如指掌。

他不仅自己全身心扑在风电场，还带领达坂城风电场技术团队钻研国产化的风机技术。他刻意采购国外不同企业的产品，研究每台风机的技术特点和原理，从进口整机到进口风机散件自己组装，再到自己研发，边买边学，边学边干，从小小的螺栓到塔架，再到叶片、齿轮箱和风机控制系统等核心设备。他审核了上千张设计图纸，进行了无数次组装、调试和运行。就这样，我国的风电也有了自己的实践经验和技术积累。

直到1999年，武钢牵头研制出了我国第一台国产风机S600，这项技术后来也被授予"国家科学技术进步二等奖"。

到2010年，我国风电累计装机容量已经超过美国，成为风电第一大国。今天，我国已经有了具备强竞争力的完整产业链，原材料加工、零件制造、整机制造、标准和检测认证体系等各个环节。2022年，我国海上风电单机功率突破16兆瓦，完全自主知识产权风电叶片长度已达到112米！

小贴士

瓦、千瓦、兆瓦是功率单位。

1兆瓦（MW）

=1000千瓦（kW）

=1000000瓦（W）

"我们的梦想是用自主研发的风机，为全世界提供清洁能源，为世界贡献中国智慧！"武钢的梦想正一步步变为现实。

截至2022年底，我国共建成了3.6亿千瓦风电机组，2022年全年发电量达到了7600亿度，占世界风能发电总量超过35%，占我国发电总量约9%，仅次于燃煤发电和水电，是我国第三大发电来源。

2021 年 4 月 29 日，长征五号 B 遥二运载火箭，搭载空间站天和核心舱，在海南文昌发射升空。

"让中国人在太空有个家！"不再是一个遥远的梦想，而正在一步步变为现实。

同学们都知道，任何一个设施的正常运行都离不开相应的电力和能源。那"天宫"空间站，这个在太空上的"家"要运转，是从哪里得到源源不断的能量呢？

火力发电？

在广阔的太空中，没有任何依托，要想建一座火力发电厂根本不可能。

水力发电？

太空中既没有水，也没有重力，更加无法实现水力发电。

天和核心舱

最终，人们将目光投向了太阳。利用光伏发电板将太阳能转化为电能，可以保证航天器在太空的能量来源。没错，在太空中，空间站唯一的能量来源，就是太阳能！

我国太阳能发电绝大部分是光伏发电，光—电直接转换，将太阳辐射能直接转换为电能。下面就让我们认识下光伏发电。

光伏发电系统主要由太阳能电池板（组件）、控制器和逆变器三大部分组成。

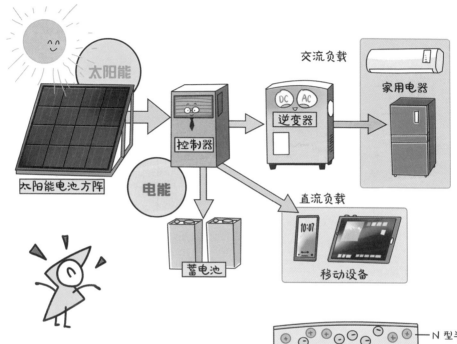

太阳能电池是光电转换的基本装置，根据光生伏特效应，将太阳光能直接转化为电能。制作太阳能电池的材料主要是半导体，太阳光照射到半导体材料时，材料内部的电子分布状态发生变化，从而产生电动势和电流。

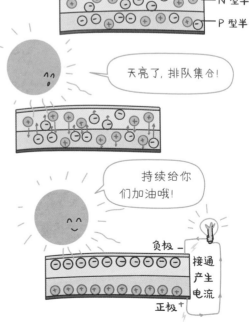

一个太阳能电池产生的电力比较小，不能单独使用，需要将很多个电池连接在一起形成组件，就可以输出较大功率，这就是光伏发电系统的核心。

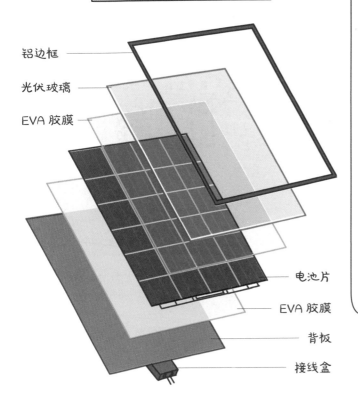

太阳能电池结构示意图

铝边框
光伏玻璃
EVA 胶膜
电池片
EVA 胶膜
背板
接线盒

这么多个太阳能电池连在一起工作，一定要有一个总指挥，才能整齐划一、协同作战，这个总指挥就是控制器。控制器，既聪明又能干，是一种自动控制设备，它不仅可以控制多路太阳能电池方

阵对蓄电池充电，也可以让蓄电池给太阳能逆变器负载供电，而且还有数据采集、传输和监测的功能。如果没有它，太阳能发电系统真不知能不能正常工作呢。

接下来，我们再看看逆变器是做什么的。

光伏发电生产和传输的电都是直流电，而我们生活中所用的电通常为交流电，逆变器就是它们的"中间转换器"，可以将直流电转换为交流电，也可以将交流电转换为直流电。这样，光伏发电系统发出的电，就可以在我们的生活中正常使用了。

小贴士

直流电，简单地说就是电流的方向和大小始终不变，电流由正极流向负极。

交流电，简单地说就是电流的方向会随着时间发生改变（做周期性变化）。

看到这里，光伏发电的基本知识我们都大概了解了，那"天宫"空间站上的光伏发电系统有什么特别吗？它和我们在地面上看到的太阳能发电好像不太一样呢!

在地面上，由于有地球大气层的保护，地面温度适中，高低变化比较平稳，普通晶硅电池就能够满足发电需求。

可是在空间站运行的太空中，却是极端变化的温度环境，有太阳照射时温度可达 100 多摄氏度，没有太阳时又会下降到零下 100 多摄氏度。因此在空间站上选择了耐热性更好的砷化镓太阳能电池，它在零下 100 多摄氏度和零上 250 摄氏度的条件下仍可以正常工作。

天和核心舱两侧安装着两对大面积的太阳能电池翼，像小鸟翅膀一样，不过单翼面积可达 67 平方米，每一片"翅膀"都像一间屋子一样大。阳光照射到"翅膀"上，我们的发电担当——柔性太阳能电池翼将太阳能转化为电能，供整舱使用，同时我们的储能担当——锂离子蓄电池储存多余电能，以保证太空舱飞到阴影区时有充足电力供应。

同学们，你们有没有留意，在核心舱发射时，怎么没看到核心舱的太阳能"翅膀"呢？

这是因为核心舱的太阳能"翅膀"会像折纸一样折叠起来，收藏在核心舱两侧，保护其在火箭冲出大气层过程中不被烧坏，当核心舱在太空中稳定运行时再展开双翼。

这也是砷化镓薄膜太阳能电池的特性：柔性可弯曲、质量轻、形状可塑。展开时电池单板厚度不足1毫米，单位面积重量仅为传统太阳能电池板的一半，非常适合安装在航天器上。

我的电池单板厚度只有不到1毫米哦！

我国光伏发电发展还不到20年，却已经实现了从艰难起步到稳步增长的跨越。这背后是中国光伏产业人谋变破局的艰辛之路、勇攀世界之巅的突围之旅，更凝聚了科学家们无数心血。

李永舫自幼在农村长大，从小学、初中到高中，学习成绩一直名列前茅。但是，1966年高中毕业时，他却因"文化大革命"失去了高考的机会。

1977年全国恢复高考，一直坚持学习的李永舫抓住了这个机会。他以29岁的"高龄"进入大学学习，也自此改变了他的人生。

上大学后，李永舫非常珍惜来之不易的学习机会，铆足了劲头学习。随后，他提前报考了研究生，又考上了博士生，并成为中科院化学所的第一位博士后。

学习期间，李永舫跟随不同导师，一直在电化学领域进行探索和研究，撰写的论文和参与的科研项目多次获奖，并在国际上首次提出了有关共轭聚合物的创新研究设计思想。

共轭聚合物作为太阳能电池光伏材料，具有较强的光捕捉能力，可以使太阳能电池的能量转换率得到快速提升，达到可以由科学研究向实际应用发展的阶段。我国在这一领域的研究水平，也因此在世界上由跟随者变为引领者。2013 年，李永舫当选中国科学院院士。

回想自己走过的人生道路，李永舫院士笑着说："人生苦乐相伴，有苦自然也有甜。我很幸运，人生中几次重要的机会都抓住了。"

"一个人通向成功的捷径是努力，我的人生座右铭就是'顺其自然，抓住机会，致力科研，乐在其中'。在科研中，只要你能集中一个研究方向去努力，并做出特色，总有一天会得到别人的认可。"如今，古稀之年的李永舫院士仍然扑在教学、科研的第一线，期盼着能让阳光成为绿色能源，真正走进千家万户。

截至 2022 年底，我国共建成了 3.9 亿千瓦太阳能发电机组，2022 年全年发电量超过 4200 亿度，约占世界太阳能发电总量的 1/3，是名副其实的太阳能发电第一大国。

蓝色的海洋
能用来发电吗?

同学们，看见海洋这个词，你们脑海里一定会出现一幅蔚蓝色的、一望无际的大海的景象，它象征着明净、广阔与希望。你知道吗？蓝色的海洋在它靓丽的外表之下，还藏着很多不为人知的大本事，其中一项就是可以为我们人类提供数以万计的电能！

蓝色的海洋也能用来发电吗？

答案是肯定的。海洋中除了有丰富的动物、植物和矿物质资源外，还蕴藏着巨大的可再生能源。而海洋能发电，通常指的就是利用海洋中蕴藏的可再生能源来发电。

都有哪些可再生能源呢？主要包括：潮汐能、波浪能、海流能、海上风能、温差能和盐浓度差能等。

其中，潮汐能、波浪能、海流能、海上风能都属于机械能；海水的温差能和盐浓度差能则是热能和化学能。

大风车吱呀吱哟哟地转
这里的风景呀真好看
天好看
地好看
还有一起快乐的小伙伴

听到这熟悉的旋律、动听的歌声，你会想起什么？

《大风车》节目

也许，你见过矗立于草原、高速路两旁的"大风车"，那你看到过海上的"大风车"吗？

风力发电在陆地上的，我们称为陆上风电；位于海面上的则称为海上风电。二者原理相同，都是利用风力推动风车上的叶片旋转，从而带动发电机发电。

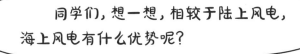
同学们，想一想，相较于陆上风电，
海上风电有什么优势呢？

海上风能资源不仅丰富而且稳定，我国沿海地区输送电网的容量大，风电生产出来后可以很容易进入输电网；再有，电场建在海上，生产中产生的噪声不会对人们生活产生过多的影响；而且，还可以节约陆地上的占地面积。所以说，开发海上风电的好处实在太多了！

海上风电

2021 年，我国海上风电装机容量达 2639 万千瓦，跃居世界第一位，2022 年进一步增长到 3046 万千瓦，更先进的机组研制也在稳步推进。

如果你经常去海边，你会发现，海水有时会远远地退去，露出宽阔的海滩，有时又满满地漫上沙滩，似乎要淹没所有的滩地。

汹涌澎湃的大海，在太阳和月亮的引潮力作用下，时而潮高百丈，时而悄然退去。海洋这样起伏运动，夜以继日，年复一年，海水的这种有规律的涨落现象就是潮汐。

那么，是什么导致了这种有规律的涨落潮现象呢？

其实，潮汐主要是由月球的引力引起的。在地球上正对月球区域的海水，受到来自月球的引力最大，使得这部分海水向上凸出；而在地球背对着月球的一面，虽然月球的引力最小，但地球转动产生的离心力变大，海水也会向上凸出。这就是在海边看到的涨大潮和涨小潮。

潮汐能，是海水在引潮力作用下，发生周期性运动产生的能量。

早在1000多年前，人们就知道利用潮汐能的冲力推动水磨，加工谷物。现如今，人们在海湾或河口修筑堤坝，利用潮汐能进行发电，利用海水落差推动水轮机转动，带动发电机发电，将潮汐能转化为电能。

> **小贴士**
>
> 引潮力，是月球和太阳对地球上物体的引力，以及地球绕地月公共质心旋转时的离心力，这两个力的合力。

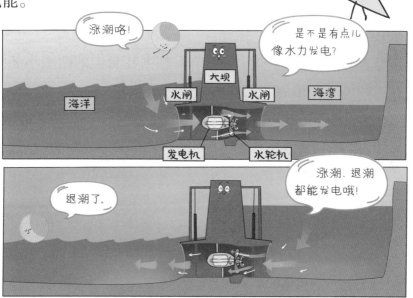

全世界海洋中的潮汐能资源量约30亿千瓦，其中我国的潮汐能资源量约2.4亿千瓦，占世界资源量的8%。

1980年，浙江温岭江厦潮汐电站第一台机组并网发电，它是我国第一座双向潮汐电站（涨潮和落潮都可发电），也是全国目前最大的潮汐电站，位居世界第三位。

波浪，是海水在外力作用下形成的另一种运动，风是这些外力中最主要的因素，俗话说"无风不起浪"。波浪遍布整个海面，分布最广、密度最大，因此波浪能是一种便于直接利用、取之不竭的可再生清洁能源。

相对波浪而言，海流的变化要平稳且有规律得多。海洋中由于海水温度、盐度分布不均匀，或者海面上风力作用等原因，会产生大规模海水沿相同方向稳定流动，这就是海流（也叫潮流）。让我们通过林东跨界创业的故事，来看看人们是怎样利用海洋潮流能来发电的。

东海上有一把"小提琴"，它静卧在浙江舟山的两座小岛之间。海洋潮流能发电是世界难题，到 2009 年，世界上最先进的机组才 1.2 兆瓦。也是这一年，之前曾经叱咤商界的林东开始担任总工程师，带领科研

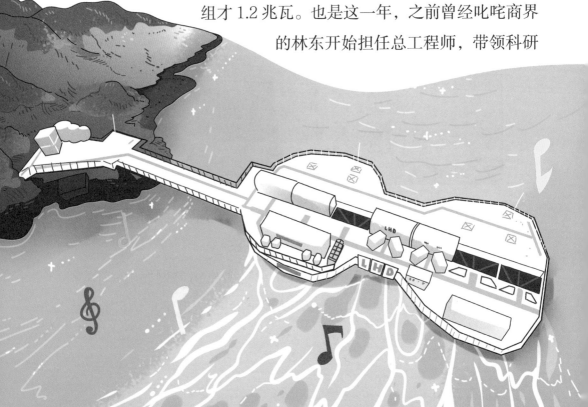

创新团队挑战大型海洋潮流能发电技术与应用。

研发之路并非一帆风顺，以企业家身份投入科研创新领域，林东这一举措不免让人怀疑。2013年，在一次国家项目申报评审会上，当林东说出自己的目标是第一期发电3.4兆瓦时，会场竟发出一片笑声。3.4兆瓦！很多国内一流大专院校、科研院所才研制出发电能力几百千瓦的设备，你一个做牛肉干的一上来就想做到3.4兆瓦，可能吗？

然而，精确且严谨的科研实践方案，当然经得起任何人的评估与论证，经过三次评审，林东的方案最终获得通过。

事实更是胜于雄辩。2014年，舟山的"小提琴"开工建设，平台高28米、重2500吨，绝大部分位于水下。2016年，历时7年研发的世界首台"3.4兆瓦LHD模块化大型海洋潮流能发电机

组",首批1兆瓦发电模块顺利下海发电,而且成功并入国家电网,实现了破兆瓦级的大功率发电、稳定发电、并入电网三大跨越。这个项目还入选"2016年度中国海洋十大科技进展",位居第二。

2022年2月,第四代单机1.6兆瓦机组下海运行,加上之前的三代机组,装机总量已经达到3.3兆瓦。

我国也因此增加了一个取之不尽、用之不竭、绿色清洁的全新能源,开启了大规模开发海洋清洁能源的新时代。

"具有科学家精神的企业家,具有企业家精神的科学家,是推动人类技术革新最核心的力量。"这是林东坚守的信念,并支持着他在创业创新的道路上不断前行。他从事的海洋潮流能发电事业,为中国科技做出了巨大贡献,改变了中国在世界海洋潮流能发电领域的地位。

面对别人的嘲笑,同学们,你是否会坚持自己的目标,保持信心不动摇,雕刻自己的"小提琴"呢?

同学们，你们听说过生物质能吗？

生物质能几乎无处不在，却又不为人熟知。

生物质，是指通过光合作用形成的各种有机体，包括所有的动物、植物和微生物。

生物质能，就是太阳能直接或间接地通过绿色植物的光合作用，存储在生物质中的能量。是一种可再生、清洁能源。

我们生活中常说的生物质，简单地说就是指那些农业、林业生产过程中产生的下脚料、废弃物（如粮食收割后的秸秆、水果采摘后的枝叶、林木砍伐后的木屑，等等），以及禽畜粪便和生活废弃物等。

生物质能对我们的生活有用吗？据计算，生物质中存储的能量，至少可以支撑我们现在生活中能源需求的一半以上。但目前受多种技术因素等限制，它的转化利用率还比较低。但这也意味着，生物质能的科技研发和应用，在未来有着巨大的发展空间。

下面，就让我们了解一下，我国的生物质能发电技术吧。

生物质能发电，主要是利用生物质能为燃料，通过将生物质能直接燃烧或转化为可燃气体后燃烧，产生热量进行发电的技术。大致可分为直接燃烧发电和沼气发电。

最后，就是我们今天的主角——垃圾发电隆重登场了！它结合了直接燃烧发电和沼气发电两种方式。

日常生活中，我们经常会看见各种各样的垃圾。我们都知道，垃圾需要进行分类处理。可是大家知道吗，分类后的生活垃圾也能用来发电。

接下来，就让我们一起探索，生活垃圾是如何变废为宝的吧！

垃圾焚烧发电厂是我们身边的绿色卫士，它吞吃生活垃圾吐出电能，既可以净化整座城市的环境，又可以支撑部分电力能源的需求。

这位绿色卫士喜欢吃垃圾，生活垃圾由专用运输车送至焚烧厂，经地磅称重后通过卸料门，卸到垃圾池内，经自然发酵，析出垃圾中的部分水分。发酵期间产生的沼气、臭气回收到焚烧炉加以利用；而垃圾堆存产生的污水，经处理达标后，作为全厂生产用水。

经发酵处理后的垃圾，作为燃料被送入焚烧炉内，焚烧产生的高温烟气将水加热成高温高压的水蒸气。

小贴士

发酵，是指复杂的有机化合物，在微生物的作用下，分解成比较简单的物质；自然发酵，是指利用自然环境中的微生物进行发酵的过程。

　　水蒸气携带着巨大的热能量,沿蒸汽管道进入汽轮机,推动缸体叶片转动,继而带动发电机转子高速旋转,利用电磁感应现象产生电能。最后,经变压器将电压升高后,输送到千家万户。

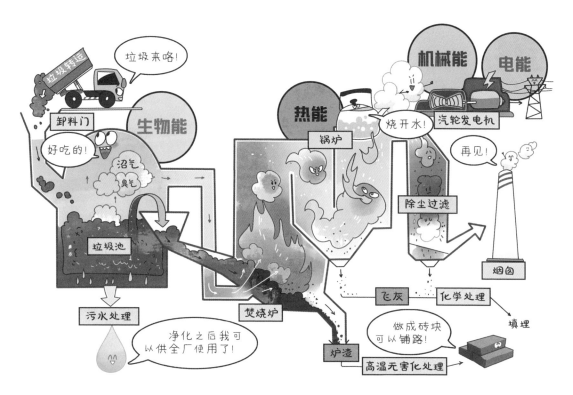

　　垃圾中含有一些有毒物质,所以垃圾焚烧产生的污水、炉渣和飞灰一定要妥善处理才可以。

　　垃圾池产生的污水含有高浓度的有机物,需要经过污水处理系统给它洗个澡,就可以变成干干净净的生产用水,供发电厂自己使用了。

　　垃圾焚烧产生的炉渣经过高温无害化处理,可以综合再利用。比如,可以压制成砖块,铺在路上或修建堤坝。

飞灰主要是布袋除尘器过滤下来的粉尘，吸附了大量有毒的重金属，比较危险，必须利用化学处理的方式，"锁住"重金属，让它不能释放到土壤和地下水中。

从 1985 年，深圳最早引进国外垃圾焚烧发电技术，到今天，我国建造的垃圾发电站和自主创新的垃圾发电技术，已位居世界领先位置。这里面离不开无数科研工作者在背后默默的付出，其中一位就是当时清华大学能源与动力工程系的张衍国老师。

张老师在清华大学毕业留校后，便下决心在生物质能发电技术领域闯出一片天地。可是当他选定研究方向后，他的导师却对他说："小伙子，你想做这个事可以，但是要准备坐十年的冷板凳哦。"这句话给当时的张衍国留下了深刻的印象。

为什么要坐十年的冷板凳呢？——因为垃圾这个东西太复杂了。我们国家当时的垃圾池十分脏乱，与欧洲垃圾场里垃圾的品质完全不能相提并论。这也就决定了，简单地从发达国家买一个成熟的技术，根本解决不了我们国家的问题。

张衍国老师并没有放弃，而是在这个领域开始了他漫长的科研生涯。劣质燃料的燃烧、余热利用、固体燃料的热转化技术、污染防控……要解决实际问题，就要到实际中去。30多年来，张老师跑了几百个垃圾场，细细地研究中国垃圾的成分特点与焚烧处理方法：燃烧热值太低、水分过高、燃烧后有毒物质的净化——经过一个又一个的方案反反复复地推敲修改、一次又一次的实验成功与失败，不懈的努力终于有了结果。

张衍国老师主持开发的垃圾清洁焚烧发电等技术，获得数十项发明专利，不仅填补了国内外空白，而且产品还卖到了美国、越南、蒙古等国家。

上海老港再生能源利用中心，是我国使用新技术建造的垃圾发电厂，每日垃圾处理量可以达到6000吨！每日发电量更是超过300万度！是世界最大的垃圾焚烧发电厂。

它的二期项目拥有当今世界最先进焚烧发电及烟气净化技术，特别是在烟气处理方面，比世界上普遍采用的欧盟 2000 标准还要高。比如氮氧化物排放，欧盟 2000 标准是 200 毫克，二期项目的标准是不超过 80 毫克，而且实际运行中控制得更低。二氧化硫、一氧化碳的排放标准也是如此。为了最大限度对环境友好，一期和二期共 12 台焚烧炉，加起来的实际排放量比一台焚烧炉的标准排放量还低。

生物质能发电可以很好地改善我国的能源结构，垃圾焚烧发电，不仅可以解决垃圾处理的问题，同时还能回收垃圾中的能量，节约资源，对我们绿色地球、循环共生、可持续发展计划贡献了巨大的力量。

"核"一直很神秘。每当谈起核电，有人会说核电站周围有核辐射，核电站很危险。

核电站真的很危险吗？

只有搞清事实，才能心中有数。那么，就让我们先了解一下核电以及核电站的相关知识吧。

首先，同学们要了解什么是原子，什么是原子能。原子，是指化学反应中不可再分的基本微粒，由原子核和绕核运动的电子组成。原子核里面又包括质子和中子。

原子能，指的就是原子核能，是原子核发生结构变化时释放的能量。当一个质量较重的原子核，分裂变成两个较轻原子核的时候（重核裂变），或者两个质量较轻的原子核，合并成一个较重原子核的时候（轻核聚变），从原子核里就会释放出巨大的能量，这种能量就是原子能，也叫作核能。

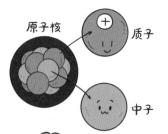

原子核　质子　中子

重核裂变

轻核聚变

　　1938 年，德国有两位科学家，在做实验的时候发现一个有趣的现象。他们发现有一种叫作铀 235 的元素，它的原子核可以变成一个氪原子核和一个钡原子核，在变化的时候，还会释放出大量的能量。这种变化还会像链条一样，传递给其他铀 235 原子核，形成一连串反应，从而源源不断地释放出能量。这就是最早发现的原子能啦。

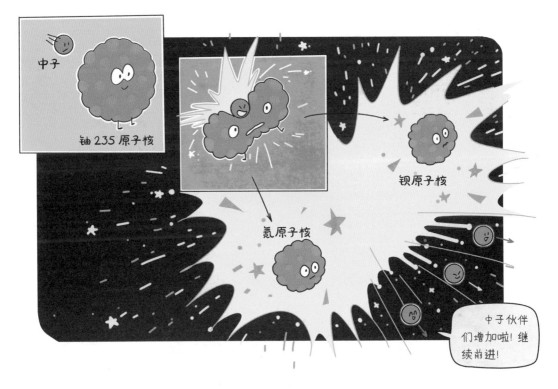

中子

铀 235 原子核

氪原子核

钡原子核

中子伙伴们增加啦! 继续前进!

　　原子核虽然小小的，我们肉眼都看不到它，但是它们蕴藏的能量可大了。目前核电站所用的核燃料中有效成分就是那种稀有元素铀 235。如果能让 1 千克铀 235 的原子核全部分解裂变的话，它可以释放出相当于 2700 吨标准煤完全燃烧放出的热量。

什么是核电呢？我们利用原子核释放的能量来加热水，水受热产生的蒸汽驱动汽轮机，再带动发电机产生的电力就叫核电，核电也是电力能源的一种。

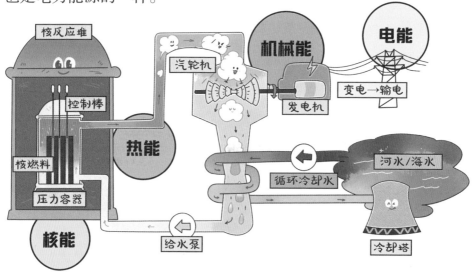

核电站就是利用核能来大规模生产电力的发电站，与我们常见的火力发电厂差不多，但也有本质的不同——产生蒸汽的方式不

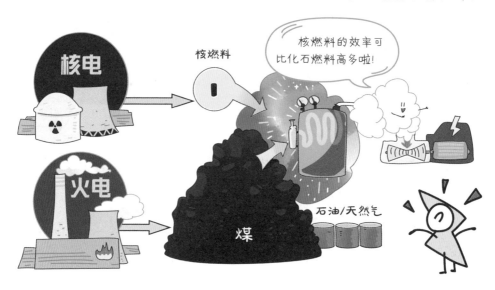

同。火电站依靠燃烧化石燃料，例如煤、石油或者天然气，释放的化学能制造蒸汽；核电站则是依靠核燃料的核裂变反应，释放的核能来制造蒸汽。

那么使用原子能发电的核电站，到底危险不危险呢?

同学们要知道，核电站安全的核心，在于防止反应堆中具有放射性的裂变产物，泄漏到周围环境中。

为了防止放射性裂变产物的外泄，核电站一般都采取三道屏障，分别是燃料元件包壳、压力边界容器和安全壳。只要其中有一道屏障是完整的，就不会发生放射性物质外泄的事故。

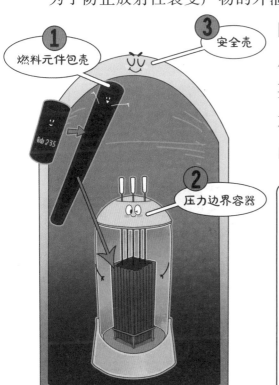

1 燃料元件包壳

铀235

3 安全壳

2 压力边界容器

小贴士

放射性,是指元素从不稳定的原子核自发地放出射线,直到形成稳定的元素而停止放射。在大剂量的照射下,放射性会对人体和动物有伤害。

在我国，核电站在正常运行情况下，每年对周围居民产生的辐射剂量远远低于 0.25 毫希（国家核安全法规定标准），对人们生活不构成任何危险。

我国核电发展虽然起步较晚，但是经过科学家们前赴后继、夜以继日的辛苦钻研，我国核电整体技术水平目前已相当成熟，处于世界领先水平。

作为我国核电走向世界的"国家名片"，"华龙一号"是在我国30 余年科研经验的基础上，根据全球最新核安全要求，发电功率达到百万千瓦级的核电技术，全部都是我国自主研发和生产的。

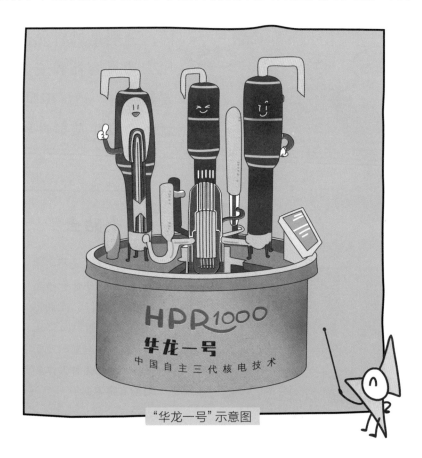

"华龙一号"示意图

"一个民族有一群仰望星空的人，这个民族才有希望。"中国核事业从无到有、由弱变强，离不开无数科技工作者的艰苦奋斗，其中就包括被誉为中国核动力事业"拓荒牛"的彭士禄院士。

新中国刚刚成立时，彭士禄被祖国送到苏联学习机械专业，当他听说祖国急需一批科技人员研制核潜艇时，立刻将自己的专业改为原子能核动力，希望能为祖国填补科技空白。

然而，他学成回国后便消失了，并从此隐姓埋名 30 年——因为，他承担了研制核潜艇的任务，这是国家最高机密，要与外界断绝一切联系。

最初，彭士禄和同事们没有任何的研究基础，只有两张模糊不清的国外图纸，和一艘从美国商店买来的核潜艇模型。

所有关于核潜艇的书籍都是英文版，但是研究人员都不懂英语。于是，彭士禄便组织同事们自学英语。每天凌晨五点起床背单词，这个做法，一坚持就是两年。

两年过去了，彭士禄和同事们基本了解了核潜艇的原理。接下来，艰苦卓绝的 13 年科研攻关开始了。

彭士禄院士回忆当时的生活是这样说的：当时的条件确实很艰苦，吃的只有馒头和野菜，住的地方到处都是虫子，如果哪天不被咬几个大包都觉得不正常了。

然而，生活条件艰苦、科研资料稀缺、科技难题挡道，都没能阻止彭士禄带领同事们最终研制出中国第一艘核潜艇"长征一号"。

随后，他又为国家组织引进了第一座百万千瓦级核电站，指挥自主设计建造了第一座大型商用核电站。

回望历史，彭士禄院士为了国家核事业，义无反顾地回国，只要国家有需要，定在所不辞。他逆风而行，与炎炎夏日、凛凛寒风做伴，让中国成为世界上第五个拥有核潜艇的国家，让中华民族屹立于世界民族之林。

截至 2021 年底，我国共建成了 5326 万千瓦核能发电机组，2021 年全年发电量达到了 4075 亿度，占世界核能发电总量接近 15%，仅次于美国，是世界核能发电第二大国。

同学们，你们听说过"绿色电力"吗？你们是不是也和我一样好奇，电真的还分红、黄、蓝、绿吗？

绿色是一种特殊的颜色，它象征着生命和生机，也代表着一种清洁、低碳、环保、可持续的理念。

我们地球上充斥着各种能量资源。有些能量如风能、太阳能等，是可以不断再生的，消耗之后可以很快恢复补充。人们在利用它们生产电力的过程中，基本不会产生污染（氮氧化物、二氧化硫等）和二氧化碳排放。它比通过燃烧煤、石油和天然气等化石燃料生产电力的过程更加清洁、低碳、可持续。通过这种方式生产出来的电就被称作绿色电能，简称"绿电"。

小贴士

化石燃料，是指煤炭、石油、天然气等，这些埋藏在地下和海洋下的不可再生资源，是由古代生物的遗骸经过一系列复杂变化而生成的。

绿电的种类可多了，由太阳能、风能、水能、生物质能、地热能和海洋能等产生的电能，都是绿电。

太阳能发电方式有光伏发电和光热发电两种。光伏发电，是利用半导体受到光照后的光生伏特效应，将太阳光能直接转化为电能；而光热发电，则是将太阳能转化成蒸汽中的热能，进而驱动汽轮机，带动发电机发电。

风力发电和水力发电比较相似。风力发电是利用风带动风轮叶片旋转发电；水力发电是利用水从高处落下推动水轮转动发电。

海洋能发电，主要是利用海水的潮汐涨落、潮流的流动获得动能，或是利用海水浅层与深层的温度差获得热能，继而推动水轮机发电。

最后，再来说说生物质能发电和地热发电，它们都与火力发电差不多，都是最终利用蒸汽的力量推动汽轮机发电。生物质能发电，是利用秸秆、畜禽粪便、垃圾，以及沼气等燃烧，加热水生成蒸汽；地热发电，则是直接利用地壳内部已有的蒸汽或热水。

绿电与常规电力，使用起来并无区别，但绿电蕴含着更多的环境价值！

我们国家鼓励大家使用绿电，并专门给绿电的特殊身份和使用者颁发了"身份证"——绿色电力证书。就像每个人有自己的身份证，国家对每1000度非水可再生能源上网电量，会颁发具有独特标识代码的电子证书，作为它们绿色属性的证明，以及用户购买绿电的唯一凭证。

小贴士

国家绿色电力证书，初期主要针对风电和光伏发电，未来条件成熟时，将扩大至符合条件的水电等其他绿电。

怎样才能用上这样的绿电呢？

2021年9月7日，我国绿色电力交易试点正式启动。就像其他商品一样，绿色电力生产商、销售商和用户，可以在绿色电力市场进行绿电的买卖。启动当天，就完成了79.35亿度绿电交易！

有了绿色电力交易市场，绿色发电厂和用户间就有了畅通的桥梁，用户可以买到绿电，电厂生产绿电也更无后顾之忧。

说到绿色发电，我国的可再生能源产业非常强大，在全球的绿色低碳发展中都是举足轻重的！

到 2022 年底，我国可再生能源发电装机已突破 12 亿千瓦，其中水电、风电、光伏发电，装机已经分别连续 18 年、13 年和 8 年稳居全球首位！

最新建成的白鹤滩水电站，工程规模巨大，地质条件复杂，综合技术难度位居世界第一。

低风速、抗台风等风电技术也位居世界前列。

光伏产业，多次刷新电池转换效率世界纪录！

白鹤滩水电站

小贴士

光伏电池转换效率，是指电池把光能转换为电能的能力，转换率越高，吸收同样的太阳光产生的电能就越多，生产每度电花费的成本就越少。

这些绿电，为我们国家减少了大量的污染物排放和碳排放。仅2021年，绿电发电量达到约2.5万亿度，替代的火电相当于减少燃烧煤炭10.5亿吨，减排二氧化碳20.6亿吨、烟尘5.5万吨、二氧化硫25.1万吨、氮氧化物37.8万吨！

这些成就是不是很值得大家骄傲呢！在同学们为祖国自豪的同时，也让我们看看，这些成就背后默默奉献的人吧。

其实，我国的可再生能源产业起步并不早，直到20世纪90年代，大多数技术都还刚起步。短短几十年的奋力追赶，既有脚踏实地的科技研发，也有能源战略专家的运筹帷幄。他们深刻洞察世界变化、超前把握时代发展方向。杜祥琬院士就是这样一位能够统观全局的领导者。

2002年，杜祥琬院士担任中国工程院副院长，从此与能源战略研究结下了不解之缘。国家绿色能源建设、可持续发展战略部署

的重任，自此担在了他的肩上。

为了掌握最准确的实际情况，杜院士总是要求到实地进行现场调研，耳听为虚，眼见为实。在天山一号冰川峰顶、在青海瓦里关大气本底观测站、在江苏海上风电场，上高山、下大海，艰苦的环境阻挡不了他科学研究、实事求是的脚步。

当看到冰川严重萎缩和不断消融的冰舌，他万分感慨："海拔 3860 米的冰川本来是一片白色，可我去的时候，山顶上都没雪了。"他深深地意识到，可持续发展正成为新的时代命题，"我们国家的可持续发展，呼唤着一场深刻的能源革命。"

作为地球村中的一员，一个国家的能源革命是否能成功，也需要得到世界的支持。"从 2009 年哥本哈根世界气候大会，到 2015 年巴黎气候大会，每届都有他的身影。"大家这样回忆着。

巴黎气候大会前，杜院士围绕我国能源低碳转型，精心准备了5份中英文报告，并在开会期间接连出席了多场会议和活动，他说："全球的气候正常是一个道义制高点，气候变化是需要所有国家共同应对的事，谁退出就要受到谴责。"最终，全球195个国家共同通过了具有历史意义的《巴黎协定》。

绿色电力要想长远发展，更要从身边做起，才能打牢基础。杜院士提出，抓住农村绿色电力的建设，真正做到"电从身边来"。

河南省兰考县——焦裕禄精神的发源地，在杜院士的推动下，成为全国第一个农村能源革命试验县。黄河岸边的大风口立起了大风车；一车车的垃圾、禽畜粪便和秸秆被拉进了生物质能发电厂；集中式、分布式光伏电站电桩，遍布村镇。如今，风电、光电和垃圾发电等绿色电力，已在兰考开了花、结了果。供电足了，产业富了，人们的生活更美了！

看到这里，同学们想不想也使用绿色电力，为身边的绿水青山、蓝天白云，为祖国的可持续发展，贡献自己的一份力量呢?

天黑了，打开灯，屋里亮了起来；妈妈从冰箱里拿出冷藏的食材，为我们做晚饭；饭后坐在电视机前，全家人一起愉快地欣赏节目……我们的生活中处处用到电，它无处不在，可我们又看不到它。

无论是燃煤发电、风力发电，还是垃圾发电，电厂都离我们很远。那电是怎么来到我们身边的呢？接下来，我们就一起看看电的高速公路吧！

电力系统组成示意图

电力系统由发、输、变、配组成，电能从远处的发电厂经过输送、分配来到我们身边。

发电厂发出的电，要想从远方来到我们身边为我们服务，可不是那么容易的，需要输电组和变电组的小伙伴们，团结协作才能办到哦。

首先，我们介绍一下输电组的小伙伴。它们长得高高长长，最擅长的本领是"跑、跑、跑"。

有时，我们在郊野，会看到一座座高耸的铁塔连绵不断，上面连着一组组粗粗的钢线，这就是"输电杆塔"和"输电线路"两兄弟了。兄弟俩不怕路途遥远，一路跑跑跑，翻山越岭，跨越江海、戈壁、草原，把电厂发出的电输送出来。输电杆塔通过不导电的绝缘子串和横担将输电线路挂得高高的，这样，线路里的电流就不会干扰到人们的日常生活了。

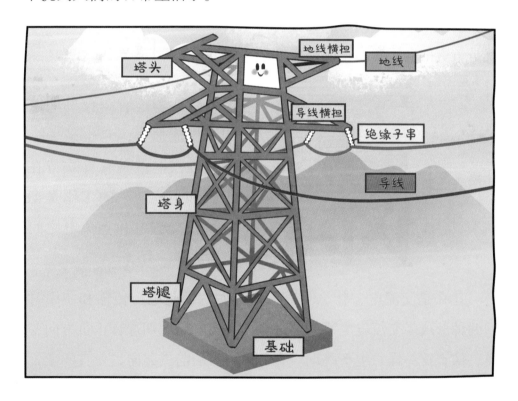

输电组在市区里还有一个小伙伴，它就是"电力电缆"，它躲在看不到的地下输电走廊里默默传输电力，也维护着城市的整洁。

接下来，我们再认识一下变电组的朋友们吧，它们长得敦敦实实，最擅长的本领就是"变、变、变"。

先说"变压器"。变压器肚子里装着铁芯和线圈，外面穿着绝缘防护的外衣，像个钢铁小胖子。但是这个家伙脾气不太好，同学们平时可要躲它远一点儿。这个小胖子不爱动，它总是蹲在发电厂旁，或是靠近城市和社区周边。它的工作就是负责把电压变高，或是变低。

变压器

换流器

变压器还有一位好朋友叫"换流器"，它也是一个钢铁壮汉。但是它喜欢待在田野和山间。它的工作是把电流在交流电和直流电之间进行变换。

什么是交流电，什么是直流电呢？它们是电力传输和使用时的两种形式。交流电电流的前进方向，按一定周期进行正负方向变换，像音符一样，上下跳动。直流电电流的前进方向，一直不变，如同向前笔直飞行的火箭。

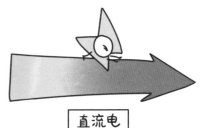

交流电

直流电

同学们，你们知道从发电厂里发出的电，是直流电还是交流电吗？没错，是交流电！

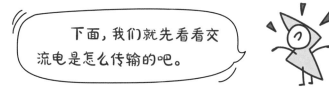

下面，我们就先看看交流电是怎么传输的吧。

发电厂里发出的电，电压不高，一般在 10 千伏。为了减少电流在输电线路中的损耗，让更多的电能传输到我们身边，同时也为了让电能传输得更远，电力行业的叔叔阿姨们想到一个好办法：就是在变压器的帮助下，将电压升高到 110 千伏、220 千伏、500 千伏，甚至 750 千伏或更高，然后再进行传输。当电输送到我们生活的城市、乡镇附近的时候，为了满足我们用电安全的需要，再通过变压器将电压降低到 10 千伏、380 伏、220 伏，并分配给工厂、高铁、商店、学校，和我们每家每户使用。

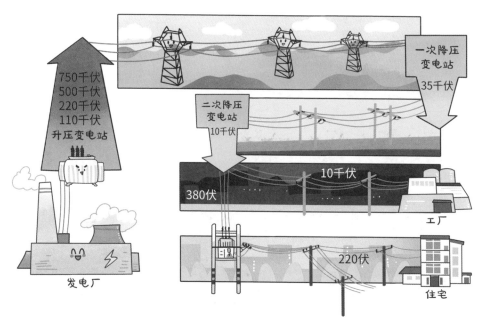

如果电厂离我们太远，还有一个好办法，就是在换流器的帮助下，将交流电变换为直流电，然后再进行传输，传输到城市、乡镇附近后，再变换为交流电。

输电距离这么长，变压、变流又这么危险，工作人员是怎么知道电力输送中是否一切正常，有没有出问题呢？

聪明的科学家们在线路中安装了芯片，它们就像不知疲倦的监测管理员，观察监测输电线路里流动的交流电和直流电，并控制着它们进行安全传输。

小贴士

电在线路、变压器里传输变换时，速度是多少？

是光速。

在祖国大西北生产的电，可以一眨眼就来到我们身边。在这个过程中，需要电力行业的叔叔阿姨们，小心翼翼地指挥好发电厂、输电线路等，让电按照我们的需求，安全可靠地生产和传输。

安装了芯片，就可以远程控制我们啦！

为了让电力更好地传输，还可以在输电网络上打上高科技的"输电补丁"——"可控串补"，它是一种电力电子装置，综合了高电压、通信、精密制造等多个高科技领域技术，可以更好地提升电网的输送能力，以及电力系统的稳定性。

我们的祖国幅员辽阔，但在1949年的时候，全国电力线路只有6474千米。1955年，我国自行设计和施工的第一条110千伏输电线路——京官线建成，比国外同等级线路迟了近50年。

70多年过去了，电力行业的叔叔阿姨们一直在不懈地奋斗，最终将电力网络铺遍祖国城市和乡村的每一个角落，将电送到了各行各业、千家万户。到2022年底，我国220千伏及以上输电线路长度达88.2万千米，建成了世界上规模最大、结构最复杂的电力系统。

可控串补涉及学科广、技术难度大，我国有很长一段时间不能自主制造，严重阻碍了我国电力行业的发展。20世纪90年代，为了摆脱这种困境，中国科学家迎着困难上，从零起步，研制开发世界尖端的科学技术。一支由院士领衔、数十名技术人员参与的科研队伍组建起来。

之后的数年里，团队中的所有人每天晚上通常都要工作到10点，经过反复试验和调试，他们终于找到了打开可控串补这座宝藏的金钥匙。然而，从理论建模到实际应用，还有一段同样艰难的路要走。上千次的计算机仿真和实验验证，一次又一次失败、一次又一次重来，终于迎来了胜利的曙光。

　　这个团队中有一位郭剑波院士，被大家称作"奇人"。他的生命好像正是与这个项目纠缠在一起。1982年，郭剑波考取了研究生，然而，还没毕业，他就得了一种经常便血的怪病，一直无法治愈。可是他没有放下工作，仍旧一边治病一边进行可控串补的科研项目。1997年，他做了癌症切除手术，术后一个月，他又接受了一项国家电网重大项目的主持工作。也许，他觉得自己时日无多，于是，他拿出与病魔赛跑的精神全力投入科研项目。

　　奇迹发生了，郭剑波主持的可控串补项目和国家电网项目双双取得成功，达到国际先进水平，与此同时，伴随他十几年的病魔却不见了！

　　2004年12月，我国第一套国产化220千伏串补装置投产运行，使我国跻身世界可控串补制造行列，成为世界上第四个能生产可控串补装置的国家，为世界贡献"中国智造"。

　　同学们，你是否也愿意像郭剑波院士一样，为了国家的发展，勇为"先行者""领路人"，豪气满满，为国家科技发展出一份力呢？

同学们，上一篇我们了解了电力的传输。电力在传输过程中是有损耗的，传得越远，损耗越大。普通的电力传输，最远能传到1200千米。

我们的国家幅员辽阔，发电站和用电的城市之间最远可以达到5000千米。怎样既能把发出的电传输过去，电力损耗又不大呢？电力行业的叔叔阿姨们想出了一个办法——提高输送电压，采用特高压输电系统。

根据电流的特点，输电系统一般分成直流输电和交流输电两种。直流输电，可以看作是"直达列车"，中间接入点少，具有超远距离、超大容量、"点对点"输电的特点。交流输电，可以看作是"铁路交通网"，电力可以在中间接入，传输比较灵活。我们家庭所在的城市电网，就是交流电网。

直流输电：直达列车

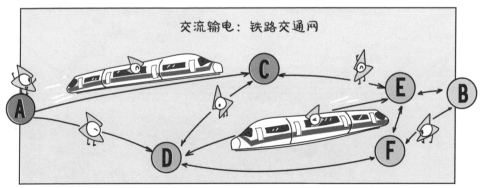

交流输电：铁路交通网

我国目前的输电系统,根据传输电压的高低,分为高压、超高压、特高压。其中,±500 千伏(正负 500 千伏)、±600 千伏的直流电称为超高压直流;±660 千伏、±800 千伏、±1000 千伏的直流电称为特高压直流;330 千伏、500 千伏和 750 千伏的交流电称为超高压交流;1000 千伏以上的交流电称为特高压交流。

特高压直流和特高压交流输电系统,又是如何工作的呢?

我们先看看特高压直流输电系统。电发出来后,先由输送端的换流变压器和整流换流器,把低电压的交流电变成特高电压的直流电,再通过直流线路输送至接受端,然后在逆变换流器和换流变压器的帮助下,变成低电压的交流电,再传送给城市交流电网,之后分配给用户使用。

> **小贴士**
>
> 换流变压器、整流换流器、逆变换流器,都是输电系统中能将电压升高或降低,或将电流进行交、直流转换的设备。

特高压直流输电系统，还有一个让人意想不到的功能，就是可以让电力反向输送！在技术人员的操控下，通过将整流换流器和逆变换流器的功能互换，就可以把接受端的电力反传给输送端，让电往回流。这样，就可以满足人们更多样化的用电需求。

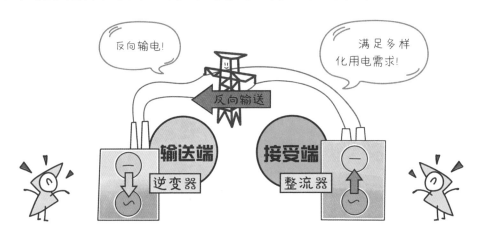

相比特高压直流输电系统，特高压交流输电系统就简单了。发出的电，只需要通过交流变压器把电压升高，再通过交流输电线路把电力传输出去，到达接受端后，由交流变压器把电压降低，就可以分配给城市电网使用了。

特高压输电系统，为什么能让电跑得更远呢？

在相同电力输送功率的条件下，输送电压越高，输送电流就越小；电流越小，电流在传输中的损耗就会越少；输送的距离就可以越远；输送电流的材料成本也会减少。所以，采用特高压输电，不仅可以输送距离远，而且输送过程中损耗低、占地少，可以将更大容量的电力功率输送到更远的地方。

小贴士

输电功率计算公式：

$P_{输} = U \times I$

$P_{输}$（输电功率）

U（电压）、I（电流）

损失功率计算公式：

$P_{损} = I \times I \times R$

$P_{损}$（损失功率）

I（电流）、R（电阻）

同学们，你们知道吗？世界上第一条特高压交流电输电工程，和第一条特高压直流电输电工程，都是在我们国家研制成功并投入运行的！

2019年9月，世界上电压等级最高的昌吉—古泉 ±1100千伏特高压直流输电工程正式投运，相比之前，它将电力输送容量更是从640万千瓦提升到1200万千瓦，把输电距离从3000千米提升到5000千米！

建设特高压输电系统，对我们国家发展和人民生活有什么好处呢？

我国内陆 76% 的煤炭资源在北部和西北部，80% 的水能资源在西南部，而 70% 以上的电力能源需求在中东部。普通输电系统的传输距离只有 1200 千米左右，无法满足国家电力传输的需要。

截至 2021 年底，我国已建成 33 条特高压交流和直流输电线路工程，形成了交流特高压网架。这些特高压输电工程，把我国的电网连接起来，将全国不同地方的电力，快速、清洁、高效地传输到需要它的地方，为我们的城市、乡村，工厂、商店和生活服务。

现如今，回顾之前十几年的科研探索之路，从零开始的重重困难，仍旧历历在目。怎样解决我国电厂和用户之间距离遥远的问题，怎样建立一个又快又好的电力传输系统？ 2005 年 1 月，我们国家开始了特高压传输研究。然而，没有任何成功经验可以借鉴，也没有现成的技术和设备可以参考——我们成了第一个吃螃蟹的人。

为了解决国家迫在眉睫的用电供电问题，面对重重困难，长期从事特高压输电技术研发的李立涅院士带领团队，毅然提出："不能因为国外没有我们就不做，因为这是我们国家需要的！"

李院士和团队稳扎稳打，不断追求技术真理，创造性地解决了一个又一个技术难题，攻克了 ±800 千伏特高压直流输电等关键问题，获得了国家科技进步奖特等奖。

±800 千伏特高压直流传输中，一个零件设计制造难度大，一度成为研发的拦路虎。李院士带领团队反复试验，最终从电池中获

取灵感，"我们可以把它分成两部分，再做一个叠加，这样制造就容易了……"果然，最终设计出来的零件，首次试验便取得了成功，创造性地将传输电压从 ±500 千伏提高到 ±800 千伏，为我国特高压输电技术奠定了基础。

　　同学们，特高压输电技术现在不仅解决了我们自己的电力传输问题，而且也开始帮助其他国家。巴西美丽山特高压直流输电工程，就是由中国的技术人员主持设计的，特高压输电已经成为中国的一个闪亮名片！

　　"通过这个项目研发的过程说明，我们不要迷信，要相信自己有自主、自立搞创新的能力。"李院士提到美丽山直流输电工程时，激动地说。

　　同学们，你们愿意跟李立涅院士和他的团队一起，为我们国家特高压输电技术贡献一份力量吗？

自 1879 年，上海公共租界点亮了第一盏电灯，到 1882 年，中国第一家公用电业公司在上海创办，我国的用电时代开始了。

1949 年新中国成立时，我国每年发电量还不够大城市和工业使用，更别说农村用电，平均每个农民一年用电量仅 0.05 度。

20 世纪 80 年代以前，我国电力工业经过 30 多年的艰苦创业，虽然解决了大部分城市用电和工业用电，但农村用电仍然紧缺，全国有 40% 的农民依然过着"耕地靠牛、照明靠油、用水靠挑、碾米靠推"的无电生活。

直到 2015 年，我国终于全面实现了户户通电。

相比 1949 年我国发电装机容量 185 万千瓦，2022 年，我国发电装机容量达 25.6 亿千瓦，实现了由电力贫穷落后向电力大国的华丽转身。

小贴士

交流电和直流电的区别：

1. 交流电的大小和方向都随时间做周期性变化，直流电则方向不变。

2. 交流电没有正负极，直流电有正负极且不能互换。

3. 储存特性：直流电可以储存，比如各种蓄电池，移动性较强。交流电不能储存，只能根据用电情况随时进行发电。

可是，我们每天真的需要用这么多电吗？除了我们生活中电灯、电视、电冰箱……还有什么地方会用到电呢？

　　其实，用电的地方太多啦，包括你知道的和不知道的。根据用电性质大概可以分成以下几类：工业用电、农业用电、商业用电和住宅用电等。

　　工业用电，是指工业生产中用的电。比如，加工制造业，生产线上的机床、传动带、机械臂，哪些没有电可以自己动起来？再比如采掘业，挖掘机、运送工人和矿物的矿车，离开电寸步难行；还有电气化铁路牵引机车，等等。

　　说到电气牵引机车，不禁让人想起我国生产的全球最大功率电力机车"神24"，它的牵引力有2280千牛，每小时可以跑120千米，可以在又长又陡的坡道上牵引1万吨重的货物列车，堪称重载铁路"动力之王"。

农业用电，一般是指农业生产、灌溉、排涝，林业、畜牧业等方面的用电。国家为了鼓励农业发展，通常在农业生产用电上给予便宜的价格。粮食栽培和收获机械化，蔬菜大棚温度、湿度和光照自动化调节，养鱼、养虾，养鸡、养猪机械化，处处都要用电，就算是林场伐木，现在也都使用电动机械砍伐。

农业用电

商业用电，离同学们就更近了。灯火通明的商厦写字楼、沿街的饭馆、道路两侧的加油站，等等，都属于商业用电。

商业用电

住宅用电，当然是同学们最熟悉的。同学们家里日常生活用的电，比如照明、家用电器和温度调节用电等。

住宅用电

小贴士

还有一些其他用电，不在以上四种用途之内。比如高铁、民用飞机、城市公共交通、医院、学校、政府办公、军队用电，等等。

> 那你能说说,你身边都有哪些现代化的家用电器和用电方式吗?

手机充电、LED 灯、电饭煲、电水壶……太多太多了。如今,家用电器也越来越智能、省电。比如家用冰箱,能够做到控湿锁水,长时间保持果蔬新鲜。此外,它还能调节冰箱内氧气、二氧化碳的浓度,使果蔬进入微休眠状态,降低呼吸,保留营养维生素。

然而,随着各行各业以及生活用电量的日益增多,因电力负载过大引发的电气火灾,成为一个常见的灾难性问题。这时,"智慧用电"安全监管系统应运而生了。

它通过云计算和互联网＋、大数据等技术，结合物联网信息，对电气线路进行实时监控，以更加敏捷、简单的方式对我们生活中的用电情况进行智慧管理，更好地预防电气火灾。

"智慧用电"系统实现了电气安全从"人防"到"技防"，极大地解决了安全监管人少、面广、量大等问题，做到实时监管和远程监控，及早发现和及时消除电气安全隐患。

同学们，当你坐在灯光明亮的教室里、享受着空调吹出的阵阵凉风时，有没有想过，今天我们能有这么充足的电力能源，这是多少人勤勤恳恳、辛苦付出的结果。曾经担任水利规划院总工程师的潘家铮院士，就是这样一位辛勤的工作者，也是中国电力事业发展的亲历者、见证者和奋斗者！

1957 年，刚刚而立之年的潘家铮，赴任新安江水电站设计副总工程师，这是我国第一座自己设计和自制设备的水力发电站，压力和期盼双双而来。

　　这一年年底，在上海设计院进行的设计工作，跟不上电站现场施工的要求，潘家铮率领工地设计代表组，远赴工地进行现场设计。

　　第二年，总工等老前辈纷纷被调往其他工程，新安江水电站工程设计这副担子，完全落在了潘家铮的肩上。

　　初生牛犊不怕虎，潘家铮敢想敢干，他仔细勘查现场情况，再结合扎实的理论知识，将实体重力坝改为宽缝重力坝，不仅降低了水对坝体上扬的压力，而且节省了材料、缩短了工期。在电站运行以来的 60 多年里，这一设计还极大地方便了大坝的检测维护。

1959 年 4 月 9 日，周恩来总理在视察电站工地时，亲笔题词："为我国第一座自己设计和自制设备的大型水力发电站的胜利建设而欢呼！"

1965 年 12 月，新安江水力发电厂工程胜利竣工！

截至 2012 年 7 月潘家铮院士离世，我国超过 200 亿立方米的水电站共有 5 座，依次为三峡、丹江口、龙滩、龙羊峡和新安江电站，每个都凝聚着潘院士的心血和汗水。他殚精竭虑、励精图治，为我国的水电事业奉献了毕生精力，被誉为"江河之子"。

从新安江水力发电厂建设开始，伴随着新中国前进的步伐，中国电力工业取得了飞速的发展。从 1949 年我国人均年用电量 9 度，到 2022 年人均年用电量约 6118 度，增长了超 678 倍。这个数字，见证了国家的富强、人民的幸福，也是中华民族伟大复兴的生动写照。

同学们，你们外出的时候，是不是有时会看到一些电线杆上架设着一个大铁箱子，旁边还标有像闪电一样的标志，或者"请勿攀爬"等警示语？

这个像闪电一样的标志是防触电警示标志，它告诉你：这里有高压电，很危险。如果同学们看到这样的标志，一定要远离，不要触碰它。

大箱子里装的是高压变压器，这些高压变电设备带有很高的电压，同学们不能向它抛投物体，更不能攀爬电线杆。

小贴士

我国电压等级的划分标准：

1. 安全电压：
   通常 36 伏以下
2. 低压：
   分 220 伏和 380 伏，居民用户一般采用 220 伏
3. 高压：
   10 千伏～220 千伏
4. 超高压：
   330 千伏～750 千伏
5. 特高压：
   1000 千伏（交流）、±800 千伏（直流）以上

这里要特别说明一下安全电压：安全电压是指不使人直接致死或致残的电压。在电力行业里规定，安全电压为不高于 36 伏，持续接触安全电压为 24 伏，安全电流为 10 毫安。电击对人体的危害程度，主要取决于通过人体电流的大小和通电时间长短。

高压线在我们的生活中十分常见，你们知道什么是高压线吗？

高压线，指的是输送高于 10 千伏电压的输电线路。看到这个，有的同学就会问，为什么要输送这么高的电压呢？既然高压电这么危险，我们为什么还要用它呢？

这就要从输电线路上损耗的输电功率谈起。电流在电线中传输的过程，就像同学们跑步一样，会越跑越累，越跑越慢。这是因为，我们跑步时消耗了我们身体的能量。

电流在电线里传输也是这个道理。当电流通过导线时，就会有一部分电能变为热能而损耗掉，电能逐渐损耗，传输的距离就会缩短。

电流越大，损耗越大；在现有的输电功率不变的条件下，为了能降低输电损耗，我们就需要提高电压，从而降低电流。

电压高，电流小；损耗低，一路跑！

好累啊，跑不动了……

在高压线附近，我们会看到各种警示标志。高压线表面上看着很安静，实际发起威来伤害非常大。这里的"电老虎"真的像老虎一样可怕！一旦触碰到高压线，很可能就会因触电造成烧伤或残疾甚至生命危险。同学们一定要远离高压线，不在高压线周围玩耍。

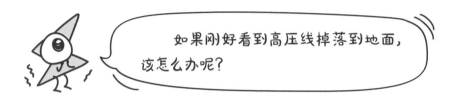

如果刚好看到高压线掉落到地面，该怎么办呢？

1. 如果高压线掉落的地方离你很远，正确的做法是迅速远离，然后报警！

2. 如果高压线掉落在离你不远的地方，那么，你就是处于比较危险的境况了。你站立的地方会有较高的电压。此时，如果你想迈步离开，因为两脚之间的电压不一样，部分电流就会通过你的身体流动，导致你触电。正确的做法是——马上用单脚跳动的方法离开危险地区。

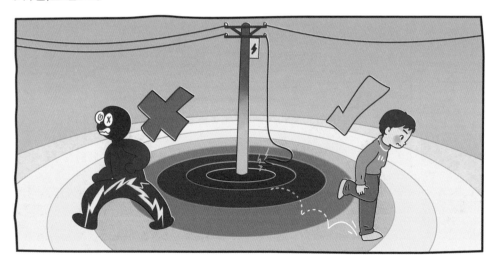

3. 假如高压线落地的时候，你正两脚分开站立，电流通过你的身体会使你有触电的感觉。此时千万不能用手撑地，更不能摔倒，不然更大的电压差会使你遭受更大的触电伤害。正确的做法是——呼喊周围的人报警，保持不动，等待救援。

4. 如果是你正在骑车的时候出现了这个情况，一定要在第一时间远离高压线掉落的地方，不要靠近，不要下车，更不要试图将电线从原处移走，正确的做法是用最快的速度离开。

5. 为了防止遇到以上情况，同学们不要在高压线附近逗留。地震、台风期间一定要避免在高压线下行走或者居住。

另外，即使在低电压的环境里，同学们也要注意日常用电安全。

比如，不用手或导电物去接触或试探电源插座内部；不用湿手接触、不用湿抹布擦摸带电设备；家里装用的电力开关、插座、电线等，要保持完好，不能破损、裸露；不要进行任何带电操作，哪怕是拆装电灯泡，也要先断电，再拆装。

安全用电，不仅是我们个人良好生活的重要保证，更是对现代化电力系统提出的基本要求。

我国的安全用电技术一直在不断完善，现代智能化供电系统已经十分完备。不仅从用电方面，而且从供电方面都给我们提供了安全的保障。

这个系统包括六大功能：第一，智能供电；第二，精确识别；第三，安全用电；第四，定额用电管理及移动端的服务；第五，便捷管理智慧服务；第六，远程管理与服务。

智能化供电系统，不仅环保便利，还可以精准控制违章用电，它可以根据我们的实际需求平滑调节，而且会实时监测模块连接端的温度，一旦有危险情况发生的趋势，就会实时向我们的手机发出警报信息。

可是同学们，你们知道吗？无论是个人用电安全，还是电力系统安全运转，电压的安全升降才是其最基础的保障。而可以改变电压高低的变压器，正像那根可以把"电老虎"变为"小花猫"的神奇魔法棒。下面我们就讲讲，我国国产变压器研发的一位功臣的故事。

他就是变压器制造专家、中国工程院院士朱英浩教授。他带领团队攻克变压器设计制造的一道又一道难关，完成了国家电力系统建设的一个又一个重点项目。

20世纪60年代，我国第一座自行设计、自制设备、自己建造的新安江水电站，它用的变压器就是朱英浩设计的。

20世纪70年代，国家建设东北高压输电线路，之前一直被大家推崇的国外变压器技术，不能适合东北的需求，朱英浩一咬牙，当即决定率领团队自主研发。此后的半年里，朱英浩几乎每日往返于沈阳和锦州。艰苦的出差科研条件并没有吓倒朱英浩，他从不在乎这些，他关注的只有科研能不能成功。最终，项目顺利完成了，国产变压器的设计和性能也因此得到了大家的认可。

朱院士退休后仍坚持工作，他把一辈子的工作经验总结成下面这段话：在产品研制中，不怕有难题；有了问题要不怕难，怕就怕自己懒，不去解决问题；解决问题后要善于总结，要有解决问题的措施。

在时代的更迭中，朱院士不断拼搏奋斗、积累知识，推动变压器持续进步。因为朱院士明白，要研发就离不开每一次的创新，因此他的步伐从未有过退却与停歇。他始终坚定自己的信念，人生为一件大事而来，而属于他的这一件，就是为国家研究变压器，倾尽一生！

同学们，你们玩过电动小汽车吗？它不烧气也不烧油，靠什么提供动力呢？对了，是电池。

电池有许多种，小到最常见的各种干电池、锂电池，大到汽车用的蓄电池，尽管形态大小各不相同，但都起着储电的作用。储电，就是存储电能，将电能以动能、势能、电磁能、化学能等其他形式存储起来，在需要时再将其转化成电能使用或释放出去。

电池真是形态各异啊！

为什么要把电能储存起来呢？

是为了更方便、更灵活地满足用电者的需要。

目前，我们的发电和用电并不能时时刻刻都匹配。储电，通过电能与其他形式能量间的转化，让人们可以随时随地、随心所欲地使用电能，让人们的生活更便利。

比如光伏发电，发电量主要取决于气象条件。中午，太阳光照最好，光伏发电量最大，但是此时用电需求却不高。为了避免浪费，就需要把多发的电量储存起来。而在早晨和傍晚，正是用电高峰时段，但这时的光伏发电量却不够。于是，就可以释放储存的电能进行补充。

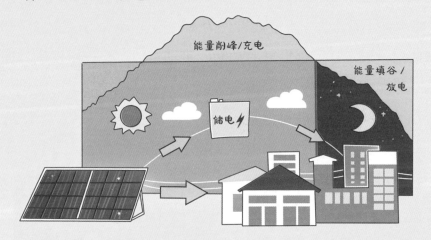

再比如，电动汽车等移动设备，使用时，不方便插着电线随时从电源获取电能，就需要提前储备好电能。还有些特殊场所，如数据中心等，对供电的稳定性要求很高，一旦供电中断就会造成极大损失，所以，必须提前储存电能，以供紧急情况使用。

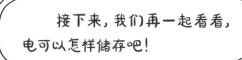 

接下来，我们再一起看看，电可以怎样储存吧！

电能的储存方法很多，有物理储能、电化学储能和电磁储能等。

物理储能中最常见的是抽水蓄能。在用电低谷时，利用富余的电，将水抽上蓄水库，将电能转化为水的势能储存；在用电高峰时，将水放出，通过水下落形成的动能，带动水轮发电机组发电，完成电能—势能—电能的转换。

抽水蓄能，存储的电能规模大、好集中，效率一般约为65%—75%，是目前我国最成熟、装机规模最大的储能方式。

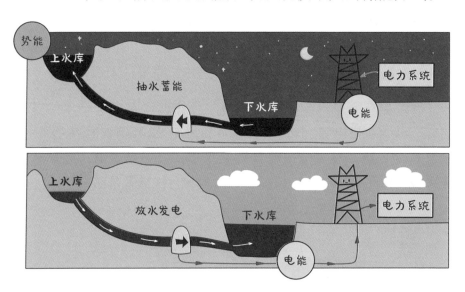

电化学储能——电池，是我们生活中最常见的储能方式，主要是通过电池内部，不同材料间的反应，实现电能与化学能的相互转化，从而完成电能的储存与释放。

电化学储能有很多种技术，如铅酸电池、铅炭电池、锂离子电池，等等，目前最常见的是铅酸蓄电池和锂离子电池。不过，由于环保等问题，铅酸蓄电池正在被锂离子电池等代替。

锂离子电池，也有很多种，但它们的结构都差不多。由不同种类含有锂元素的材料，充当正极；石墨，或近似石墨结构的碳，充当负极；电解液，虽然成分可以略有不同，但必须让锂离子可以在里面自由移动；除此之外还有一种高分子薄膜，上面有微小的孔，可以让锂离子自由通过，而将电子阻挡在外。

充电时，电池正极上的锂离子跳进电解液里，游到隔膜处，爬过小洞，再游到负极，与通过外部电路跑到负极的电子结合在一起，在负极形成锂化合物。

放电时，电子从负极通过外部电路跑到正极，锂离子从负极跳进电解液里，爬过隔膜上的小洞，游到正极，与跑过来的电子结合在一起。

小贴士

元素，化学名词，是具有相同质子数的一类原子的总称。

离子，是指原子失去或得到，一个或几个电子，而形成的带电粒子。

电解液，这里是指电池中离子迁移的媒介。

化合物，由二种或二种以上不同元素组成的纯净物。

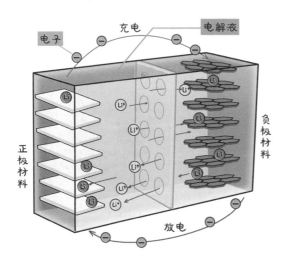

锂离子电池效率可达 95% 以上，循环次数可达 5000 次或更多。但要注意的是，它不能被过充、过放、短路及超高温充放电，因此需要保护板和电流保险器的保护。

看到这里，同学们对储电技术已经有了一定了解。但你们知道吗，最初锂离子电池这项技术，并不被大家看好。

2000 年，我国启动了电动汽车重大项目。当时，国家政策支持的主要是镍氢电池，锂离子电池几乎无人问津。

2001 年，陈立泉院士基于超前的眼光和对行业的坚守，专门到上海拜访了项目负责人，希望能给锂离子电池一个机会。经过项目组的考察评估，陈立泉的建议被采纳了。他至今仍记忆犹新："这个机会太宝贵了。"

正是这个机会，让新能源汽车的产业加速发展，我国的锂电池产业也开始了突飞猛进。

陈院士能争取到这个机会，不仅需要莫大的勇气，更多的是多年扎实的专业科研成果给出的底气。

　　1976年，陈立泉在德国进修时，第一次接触到可以做锂电池的材料，他便向中科院申请转攻这种材料的研究。他认为，能源是国家的战略需求，发展锂电池，对于我国摆脱对石油的过分依赖具有战略意义。如今，陈立泉笑着回忆："我这个锂电池梦一做就是大半辈子。"

　　经过 20 多年的科研攻关，1997 年，陈立泉基于国产技术、设备和原材料，终于建成了我国第一条锂电池中试生产线。为了解决大规模生产过程中遇到的问题，陈立泉在这条生产线上跟踪了一年，什么脏活、累活都干，但他从不抱怨："在此之前，我只有理论和实验室研究经验，没有实践。当了一年多'工人'，基本了解了锂电池生产的每一个环节。"

　　直到现在，80 多岁的陈立泉院士还坚守在锂电池材料科学研究的一线。

我这个锂电池梦一做就是大半辈子。

2022 年，我国新能源汽车平均一台能装约 46 度电，有的车型甚至已经超过 100 度，一次充电能行驶 600 千米以上。

目前，我国在储电领域专利数量超过美国和日本，拥有最完整的产业链，锂电池总产能已经占据了全球的 70% 以上。

今天，各种先进的储电新技术还在不断涌现。我国科学家团队，曾在国际上率先提出了新型纤维锂离子电池。这种电池就像毛线一样轻便、柔软。有了它，就可以把电池"织"成各种形态的衣服，为各种电子产品供电，出门就不需要带充电器啦。

不仅如此，我国科学家团队还在 2021 年成功构建了这种电池，并建立了世界上首条纤维锂离子电池生产线。这对于纤维锂离子电池的发展是从 0 到 1 的突破！现在，这样一件由纤维锂离子电池编织的成人衬衣，在充满电的情况下，可以给手机充电约 20 次——你是否心动了呢？！

同学们，未来的世界有无限可能。你，准备好接过前辈们的接力棒了吗？

我们日常生活中，每天都离不开电的使用，像电灯、电脑、电冰箱这些电器都要用电。同学们，你们有没有好奇，这些电器在使用的时候，它们消耗了多少电？电的多少应该怎么测量？用这些电要花多少钱呢？

细心的你可能已经留意到，电灯、电脑、电冰箱这些电器的说明书上，会写有电器的功率为×××瓦（W）。

功率，是表示物体做功快慢的物理量。比如电功率，就是用来衡量电器做功快慢的。电功率越大的电器，做功的速度越快。在相同的时间里，电功率越大，消耗的电量也越多，而电功率越小，消耗的电量就越少。

电风扇功率60瓦，每小时消耗电量0.06度.

取暖器功率2200瓦，每小时消耗2.2度电量.

电饭煲功率500瓦，每小时用电0.5度.

我国家庭常用的电量单位是"度"，也称为千瓦时。1度电，是功率为1000瓦的设备，工作1小时用的电量。

了解了电量怎么计算，接下来，我们就可以了解电费的计算了。

无论是农村还是城市，我国大部分地方主要采用"阶梯电价"和"峰谷电价"两种计算电费的方式。

阶梯电价，电价就像爬台阶一样，一级比一级高。例如，2022 年北京地区，居民每月每户用电量分为三档：1~240 度为第一档，电价最低；241~400 度为第二档，电价比第一档每度贵 5 分钱；400 度以上为第三档，电价比第一档每度贵 3 角钱。阶梯电价有利于促进节能减排，引导用电量大的用户科学、节约用电。

峰谷电价，电价就像山峰和山谷一样，峰时电价高，谷时电价低。一天当中，在大家集中用电量高的时候，采用峰时电价；在大家都不怎么用电，用电量较低的时候，采用谷时电价。峰谷用电，是鼓励大家在低谷时段用电，有助于将高峰用电转移到低谷时段，这样既可以缓解高峰用电时电力不足的压力，又可以促进电力资源的优化使用。

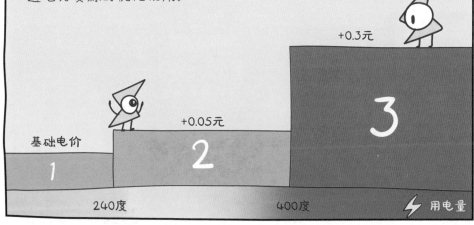

那么，你是不是又会产生疑问，怎么知道用了多少度电呢？

其实，就像记录自来水流量的"水表"一样，"电能表"是电路里电的"计数者"。

我国电能表发展经过了四个阶段。第一代感应式电能表，功能单一，结构简单，准确度不高。第二代机电一体式电能表，功能增多，准确度提高。第三代电子式电能表，具有多种计量和更多功能，不仅可减少电能表安装数量，还可以提高计量精度，更增加了事件记录功能。

第四代智能电能表，电量计量只是它的一个小小的功能，它还可以采集用户用电信息，适用于智能电网。它不仅具备信息存储及处理、实时监测、自动控制、多种数据传输模式等功能，而且还支持双向计量、阶梯电价、峰谷电价等多模式需求。

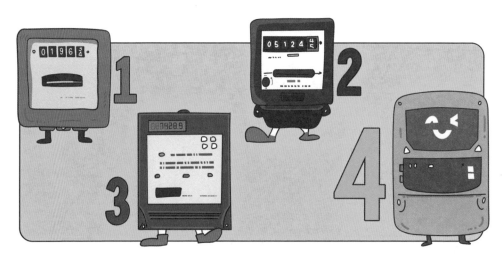

在我国最先进的电力智慧服务系统——泛在电力物联网中，智能电表是故障抢修、电力交易、客户服务、配网运行、电能质量监测等各项基础数据的来源，是整个网络的基础。

有了电能表，电的计量不再是难题。

以前的电能计量，是让人去抄每个表的示数，抄表员要挨家挨户查看，作为电费清算的依据。这种计量方式，需要很多工人，不方便管理，还会出现漏抄、错抄的现象。

随着科学技术的发展，远程抄表技术和智能抄表技术被发明出来。不仅提高了抄表的准确性，还可以缩短抄表时间，避免漏抄、错抄。

未来，随着通信技术的快速发展，新的智能抄表技术，例如无线网络、图形图像抄表、蓝牙抄表、卫星通信系统，等等，会更加迅速地被开发出来，更加智能、快速、准确，并能适应各种复杂环境。

在如今的生活中，人们使用的电器越来越多，生活用电量节节攀升。如何节能省电，也是我们生活中需要重视的问题。

不知同学们有没有注意到，现代生活中见到的白炽灯越来越少了，取而代之的是越来越多的 LED 灯。LED 灯和白炽灯相比，到底好在哪里呢?

首先，我们来看看，它们都是怎样照明的。

白炽灯，通过将灯丝通电加热到白炽状态，再利用白炽状态的灯丝，辐射出可见光进行照明。

LED 灯，又称为发光二极管，是一种可以把电能转化成可见光的半导体器件，它可以把电直接转化为光。

从耗电量看，由于 LED 灯可以直接把电能转化为光能，所以在同等亮度下，LED 灯的耗电量仅为白炽灯的 1/10，更加省电。

从使用寿命看，白炽灯主要使用钨丝作为发光源。在通电后的高温下，钨丝会加速升华变为气态，然后在灯泡壁上冷却成固态。这一过程，导致钨丝越来越细，而灯泡也越来越黑，直到最后钨丝断开。

因此，白炽灯的使用寿命大概只有 1000 小时。

而 LED 灯不需要加热来发光，不存在灯丝损耗的缺点，理论上使用寿命可以达到 10000 小时。

黄金娟曾是浙江电力系统的一名高级技师、高级工程师。她从 1984 年进入绍兴电力局工作，在电能表计量检定专业一干就是 35 年。

1992 年，为了参加首届全国电力技术大赛，技校毕业、没有正规专业基础的黄金娟，铆着一股子劲儿，恶补知识、狠抓技术，白天上班、晚上看书，常常学到凌晨，枕着计量检定规程入睡。功夫不负有心人，最终，她获得全国第二名的好成绩，荣获"全国技术能手"称号。

以前电能表查表，全部由人工操作，工作量大、耗时费力、容易出错，工作环境带电，还很危险。

面对电能表更新换代，带来的查表数量井喷式增长。2006 年，黄金娟提出了"机器换人"的设想：利用自动化技术，实现电表智能化检定。

同事们都说这不可能、很难实现，但黄金娟并没有打退堂鼓。为了找到研发合作企业，她奔走在电表制造商之间，直到她的执着感动了一家企业负责人。

2007 年，她带领团队开始了 6 年的研发之路。经过 2000 多个日夜，反复改进、精益求精的推敲，凭借绝不放弃的韧劲，攻克了一项项关键技术，他们最终将设想变为现实。

2012 年，我国建成世界首套大规模、全自动电能表智能化计量检定系统，检定能力由人均 80 只／日，提升至 4700 只／日，检定可靠性从 98% 提升至 100%。

2018 年，黄金娟作为首位获得国家科学技术奖的女性工人，登上人民大会堂领奖台，她对电能表检定技术的贡献，被授予国家科技进步二等奖。

黄金娟一直工作在电能表计量检定的一线岗位，为查表工作的升级改造，时刻贡献着自己的光和热。大家佩服地称赞她为"醉心钻研的老黄牛""细节之美的追逐者""一项创新取得一百多项专利的大国工匠"。

　　同学们已经了解了电是怎么生产、传输以及使用的。发电厂生产出电，经过输电线路和供配电所，输送到各家各户，然后被各种电器使用，形成了一个完整的过程。

　　我们把这个过程中的所有设施，统称为电力系统。就连同学们家里使用的电冰箱、电视机，都是电力系统中的一部分。电力系统的概念是不是很庞大？

　　如果你把整个电力系统看作家里的自来水系统，那么电就像其中的自来水，发电厂就像水源，输电线路就像水管，电源开关就像水龙头，电器用电就像你用自来水洗衣服、做饭。水源输送多少水，水龙头开多大、开多久是和你想用多少水时刻相关的，这也是电力系统的基本特性。

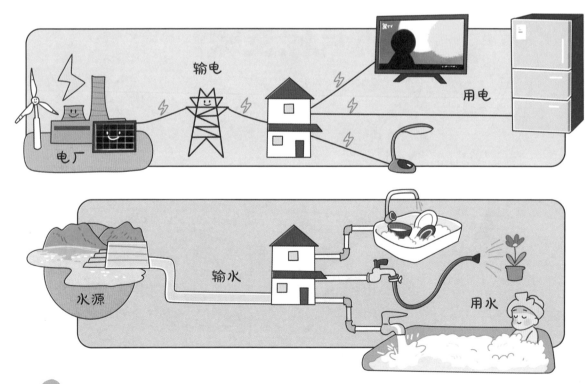

我们国家刚成立时，电力系统十分落后，只有大城市才能有比较充足的电，全国 80% 以上的人没有电用。

为了让每个人都用上电，我国电力科学家与工作者艰苦创业，攻克了一个又一个技术难题，建造了一个又一个发电厂、输电网。新中国成立 70 多年来，我国电力装机增长了 1284 倍，年发电量增长了 1933 倍，输电线路长度增长了 333 倍以上，建成了全球规模最大的电力系统。

然而，新的时代却出现了新的问题。目前，全球气候变化，是全世界普遍关注的问题。

同学们都知道，二氧化碳是温室气体，大量排放会导致全球气候变暖。全球变暖会使冰川消融、海平面上升，从而破坏人类现有的生存环境。那么，我们的电力系统和全球变暖有什么关系呢？

煤炭、石油和天然气，这些化石能源的燃烧，会排放大量二氧化碳，而火力发电，正是需要燃烧大量的化石能源。电力行业，是当前我国二氧化碳排放量最大的行业，在能源相关二氧化碳排放总量中约占 40%。减缓气候变暖，必须减少电力系统中的二氧化碳排放量。可我们怎么才能做到呢？

风能、太阳能和水能等非化石能源的发电过程，不产生二氧化碳，是清洁能源。那么，能不能多使用这些能源，能不能用这些清洁能源代替那些有排放的能源呢，这样不就能减少二氧化碳的产生了吗？水能等资源有限，受地理条件限制，替代的电量有限。于是，风能和太阳能等新能源就成为电力系统关注的重点。

建设"新型电力系统"的时代要求应运而生。那这个新型电力系统，都"新"在什么方面呢？

原先的电力系统，以燃煤发电机组为主，二氧化碳排放量较大。新型电力系统，将以风电和光伏等新能源发电机组为主，清洁能源电力的占比将会大大提高。最终，电力系统的二氧化碳排放量将会减小到零。

然而，新能源发电有它自己的特点，电力系统想要接纳它也不是那么容易的。

比方说，同学们是不是有时会碰到这种情况，早上出门上学还是晴天，下午可能就下雨了，忘记带伞还被雨淋了。没错，每天的天气是多变的，而新能源发电得"看天吃饭"。天气怎么样，直接决定了新能源能发多少电。

雨天的时候、没有风的时候，新能源就发不了电。新能源电力的这种随机波动性，十分不利于电力系统的安全运行，也直接导致了我们现在，还不能大规模使用新能源电力。我们现在使用的7.5度电中，仅有1度电来自新能源。

原先的电力系统，无法承受高比例新能源发电带来的波动，而新型电力系统能够适应这种情况。在发电环节，将会利用大规模储能、高灵活性的燃煤机组等，调节新能源的波动性；在输电环节，将会使用特高压、长距离传输新能源电力；在用户端，会使用高科技手段减弱波动性带来的影响。

新型电力系统，将具有自诊断与自愈能力。系统出现了线路跳闸等小毛病，它可以通过检测信号和运行数据分析等，自己给自己看病，然后调节系统状态，快速恢复健康，不需要工作人员过多维护。

新型电力系统，会变得更加安全，停电事故更加少见。即便是在台风、雷电等天气，同学们也能放心地用电。

新型电力系统，会变得更加智能。人工智能、5G、智能电表、机器人等先进技术和设备，将大展身手。机器人将会替代检修人员，爬上几十米的高空，对传输线路进行巡查，这样的场景是不是很酷炫？

新型电力系统，会变得更加开放。系统中的每个主体，都能获得系统的实时运行状态，并能积极主动地响应各种变化。每当系统遇到困难，各个主体将会很容易得到这个信息，并主动提出相应对策，帮助系统解决困难。

现在，同学们大概明白新型电力系统是什么样了吧。

谈到新型电力系统，这里要提到一位我国能源电力领域耕耘半个世纪的老科学家刘吉臻院士。怎样才能让更多的绿电替代化石能源发电，这是摆在我们面前的难题，也是困扰了刘院士十几年的难题。

新能源发电规模日益增长，我国电力系统面临着新能源电力上网难、电力供需平衡难、电力系统安全稳定控制难等诸多难题。刘吉臻院士在潜心研究的基础上，最早提出新能源电力系统概念，率领华北电力大学团队创建了"新能源电力系统国家重点实验室"，系统研究基础理论问题，编写了该领域首部专著，为新能源系统的发展奠定了理论基础。

大家知道，建设新能源电力系统就是要实现新能源绿色电力取代煤电等高碳电力目标。但是，这个目标是不是马上就可以实现呢？燃煤发电是不是要全部关停呢？在实现能源绿色转型的进程中，怎样保证电力的可靠供应和合理的价格呢？

刘院士面对社会上各种复杂声音，他清醒地意识到，能源转型必然经历一个较长的历史过程，特别是我国以煤为主的能源结构，需要高度重视煤炭与新能源的融合发展。

刘院士形象地比喻：风电、光伏发电是我们喜欢的绿电，但它像个调皮的孩子，受大自然风、光的影响，它可能有时多，有时少，甚至今天有，明天就没有。这样的电力不适合我们对电力持续稳定供应的需求。怎么办呢？这就需要有煤电、水电和储能的支撑。

刘院士总结出，新型电力系统有四大特征，即多能源互补、电源电网协同、供给侧与需求侧互动、系统灵活智能。当这些技术与机制不断发展成熟了，新型电力系统就构建起来了。

于是，刘院士根据我国实际情况，反复思索后坚持了自己的判断，提出要发展灵活智能燃煤发电新技术，作为我国大规模新能源发电并网的重要支撑。研究确定方向后，刘院士立刻带领团队，投入到新一代智能燃煤发电技术与装备的研发之中。

刘院士明白，仅靠自己一个人的力量，对国家电力系统的贡献总是微小的。因此，他格外注重人才的培养。他认为：电力的发展说到底还是依靠科技，依靠教育，依靠人才。

刘院士已经连续20多年，为华北电力大学新生介绍专业课。听过他课的同学们，如今大多都成为我国能源系统的中坚力量。

如今，刘吉臻院士仍致力于新型电力系统构建的科研中。他说："作为一名科技工作者，我深感责任重大、使命光荣，要以老一辈科学家为榜样，胸怀科学报国之志，永远把个人理想融入国家发展伟业，勇于创新，追求真理，为国家的振兴、民族的复兴，贡献一份力量。"

正是因为有了像刘吉臻院士这样的科学家们鞠躬尽瘁、前赴后继，我们国家才能拥有世界上规模最大的新能源装机与并网容量。

相信在不久的将来，同学们都会用上绿色、清洁的电！

信息卷 ▶

人工智能、无人驾驶、元宇宙、量子传输、5G、大数据、芯片、超级计算机……这些搅动风云的热门词汇背后，都有哪些科学原理？中国科学家怎样打破科技封锁的"玻璃房子"，一次次问鼎全球科技高峰？快跟随中国工程院院士孙凝晖遨游信息科技世界，读在当下，赢在未来！

医药卫生卷 ▶

近视会导致失明吗？你能发现身边的"隐形杀手"吗？造福世界的中国小草究竟是什么？是谁让青霉素从天价变成了白菜价？……中国科学院院士高福带你全方位了解医药卫生领域的基础知识、我国的科研成就，以及一位位科学家舍身忘我的感人故事。

化工卷 ▶

什么样的细丝能做"天梯"？什么样的药水能点"石"成"金"？什么样的口罩能防病毒？什么东西能吃能穿还能盖房子？……中国工程院院士金涌带你走进奇妙的化工王国，揭秘不可思议的化工现象，重温那些感人的科学家故事。

农业卷 ▶

"东方魔稻"是什么稻？怎样让米饭更好吃？茄子可以长在树上吗？未来能坐在家里种田吗？……中国工程院院士傅廷栋带你走进农业科学的大门，了解我国农业的重大创新与突破，体会中国科学家的智慧和精神，发现农田里那些令人赞叹的"科学魔法"。

林草卷 ▶

谁是林草界的"小矮人"？植物有"眼睛"吗？植物怎样"生宝宝"？为什么很多树要"系腰带"？果实为什么有酸有甜？……中国科学院院士匡廷云用启发的方式，带你发现植物的17个秘密，展示中国的林草科技亮点，讲述其背后的科研故事，给你向阳而生的知识和力量！

矿产卷 ▶

　　铅笔是用铅做的吗？石头也会开花吗？为什么"真金不怕火炼"？粮食的"粮食"是什么？什么金属能入手即化？……中国工程院院士毛景文带你开启矿产世界的"寻宝之旅"，讲述千奇百怪的矿产知识、我国在矿产方面取得的闪亮成就，以及一个个寻矿探宝的传奇故事。

交通运输卷 ▶

　　港珠澳大桥怎样做到"海底穿针"？高铁怎么做到又快又稳？青藏铁路为什么令世界震惊？假如交通工具开运动会，谁会是冠军？……中国工程院院士邓文中为你架构交通运输知识体系，揭秘中国的路为什么这么牛，讲述"中国速度"背后难忘的故事。

石油天然气卷 ▶

　　你知道泡泡糖里有石油吗？石油和天然气的"豪宅"在哪里？能源界的"黄金"是什么？石油会被用完吗？我国从"贫油国"到世界石油石化大国，经历了哪些磨难？……中国科学院院士金之钧带你全面了解石油、天然气领域的相关知识，揭开"能源之王"的神秘面纱。

气象卷 ▶

　　诸葛亮"借东风"是法术还是科学？能吹伤孙悟空火眼金睛的沙尘暴是什么？人类真的可以呼风唤雨吗？地球以外，哪里的气候适合人类居住？……中国科学院院士王会军带你透过千变万化的气候现象，洞察其背后的科学知识，了解不得不说的科考故事，感受气象科学的魅力。

材料与制造卷 ▶

　　难闻的汽车尾气可以"变干净"吗？金属也有"记忆"吗？牙齿也可以"打印"吗？五星红旗采用什么材料制作，才能在月球上成功展开？北斗卫星的"翅膀"里藏着什么秘密？……中国工程院院士潘复生带你了解材料与制造相关的科学知识，发现我国在该领域的新成果、新应用，展现有趣、有料的材料世界。

环境卷 ▶

　　什么样的土壤里会种出有毒的大米？地球"发烧"了怎么办？怎样把"水泥森林"变成花园城市？绿水青山为什么是金山银山？……中国科学院院士朱永官带你从日常生活出发，探寻地球环境的奥秘，了解中国科学家在解决全球性环境问题方面所做出的巨大贡献。

航天卷 ▶

　　人造卫星怎样飞上太空？航天员在太空怎么上厕所？从月球上采集的土壤怎样运回地球？从地球去往火星的"班车"，为什么错过就要等两年？……中国工程院院士栾恩杰带你了解航天领域的科学知识，揭开"北斗"指路、"嫦娥"探月、"天问"探火等的神秘面纱。

（待出版）

航空卷 ▶

　　飞机为什么会飞？飞机飞行时没油了怎么办？飞机看得远，是长了千里眼吗？……本书由张彦仲、房建成、向锦武三位院士共同主笔，选取了17个航空领域的主题，通过生动的插图和翔实的"小贴士"，展现了我国航空领域强大的自主创新能力和科学家精神。

水利卷 ▶

　　水怎么才能穿越沙漠？水也会孙悟空的七十二变吗？黄河水是怎么变黄的？建造三峡大坝时是怎么截断长江水的？水电行业的"珠穆朗玛峰"在哪里？我国在水利方面有哪些世界第一？中国工程院院士王浩为你展示神奇又壮观的水利世界，激发小读者对浩荡水世界的浓厚热情。

（待出版）

（待出版）

建筑卷 ▶

　　我们的祖先最早只住在山洞里吗？你知道故宫有多牛吗？房子为什么长得不一样？我们能用机器人盖房子吗？火星上能建房子吗？未来的房子会是什么样子呢？……中国工程院院士刘加平带领大家探索各种建筑的秘密，希望你们长大后加入建设美好家园的队伍。